本书由国家社会科学基金项目支持
基金编号：13BTJ023
项目名称：生态经济学视角下西部生态脆弱区生态文明建设统计测度研究
项目来源：2013年国家社科基金一般项目

西部生态脆弱区
生态文明建设统计
测度研究

赵 煜／著

Wuhan University Press
武汉大学出版社

图书在版编目(CIP)数据

西部生态脆弱区生态文明建设统计测度研究 / 赵煜著. — 武汉 : 武汉大学出版社, 2022.9

ISBN 978–7–307–23224–2

Ⅰ. 西… Ⅱ. 赵… Ⅲ. 生态环境建设 – 经济统计 – 研究 – 中国 Ⅳ. X321.2

中国版本图书馆 CIP 数据核字(2022)第 133091 号

责任编辑:周媛媛   责任校对:孟令玲   装帧设计:刘亚非

出版发行:**武汉大学出版社**   (430072   武昌   珞珈山)
    (电子邮箱:cbs22@whu.edu.cn   网址:wdp.com.cn)
印刷:三河市京兰印务有限公司
开本:710×1000   1/16   印张:16.75   字数:290千字
版次:2022年9月第1版   2022年9月第1次印刷
ISBN 978–7–307–23224–2   定价:68.00元

写作委员会

薛　君

李维德

马智慧

许　静

王亚炜

前　言

　　"工欲善其事,必先利其器"。生态文明推进过程中,无论是意识领域还是实践领域,均需破旧立新,摒弃工业文明掠夺心态,构建生态文明和谐发展理念与路径。生态文明建设作为一个长期的建设过程,需要科学规划与统筹管理,需要对建设过程全方位定量测度与监控。在相关理论与实践研究已有一定成效但还需进一步探索的背景下,对建设过程中产生的诸如生态经济系统运行测度、发展协调度的量定、生态安全评估等生态文明建设相关统计测度问题的研究更需进一步的体系化与规范化。

　　按照当前生态功能区划分理论,西部地区起着保障我国生态经济系统安全的重要作用,对该区域社会发展与进步的要求应具有区域功能特征。近年来,位于黄河上游的甘肃省、青海省、宁夏回族自治区三省区(以下简称甘、青、宁三省区)生态文明建设成效显著,但其特有的区位特征,使其在生态文明建设中面临着更加特殊而严峻的建设任务,如落后的经济需要发展、脆弱的生态急需保护、生态安全不容忽视等。针对西部生态脆弱区生态文明建设的重点任务,构建统计测度体系以全方位量化管理其生态文明建设过程,是当前西部生态文明建设的重要工作,也是区域生态经济统计的重要课题。

　　本书以位于我国黄河上游的甘、青、宁三省区为主要研究对象,立足多学科领域,构建生态文明建设定量测度框架。甘、青、宁三省区既是经济欠发达地区、多民族聚集区,又是生态环境脆弱区、生态安全屏障区,在国家生态文明发展战略中地位特殊,其生态文明建设更需统筹兼顾、多方协调,以求保持定力、均衡发展。因此,对该区域生态经济系统的文明运行进行科学评价,需注重其区域发展特征与功能,构建适合区域生态文明建设目标的合理测度与评价体系。

　　本书立足于生态经济系统,探讨如何从生态经济学视角建立统计指标体系,借助统计分析方法,全面综合地度量、监测、评价西部生态脆弱区生态文明建设进程。其中,测度指标体系的构建注重指标的可比性与现实可度量性;测度方法的选取则偏重方法的可操作性与稳健性。全书主要内容如下：

第一部分，探讨并界定生态文明的内涵，进而以人类活动为纽带，探讨生态文明不同层面研究之间的关联性与相互补充作用。深入探讨生态脆弱区局限性与生态功能以及发展的真实含义，基于此，构建西部生态脆弱区生态文明统计测度理论。

第二部分，立足省域层面，探讨省域生态文明建设测度重点，分析省际生态文明建设的比较方式，以国家生态文明建设战略规划为指导，结合西部生态脆弱区基本特征、区位功能与发展定位，构建省域层面生态文明建设统计测度指标体系，并以位于西部生态脆弱区的甘、青、宁三省区为例，进一步测算了甘、青、宁三省区生态文明进步指数，在分析可比性的基础上，从静态、动态角度比较了甘、青、宁三省区生态文明建设成效及发展短板。

第三部分，以甘肃省为例，立足市域层面，探讨城市生态文明建设统计测度的重点，并从建设水平、发展潜力、城市竞争的有序性及城市生态经济系统运行协调性角度展开评价，全方位探讨城市生态文明建设统计测度核心与方法。

第四部分，就生态文明理念普及度构建测度体系，从问卷与量表两方面构建测度内容、选定测度方法。以兰州市区高校大学生为调查对象，进行实证检验，以完善生态文明理念普及度调查分析体系。

第五部分，结合西部生态脆弱区实际，总结研究思路与相关结论，并对后续研究方向进行思考与展望。

本书的出版，得到甘肃省教育厅双一流科研重点项目"甘肃省高质量发展的统计测度、战略选择及实现路径"（项目编号：GSSYLXM-06）的大力支持；得到兰州财经大学统计学院的鼎力支持；得到本书写作委员会成员薛君教授、李维德教授、马智慧副教授、许静副教授、王亚炜教授的学术支持，在此一并感谢！

感谢兰州财经大学统计学院部分研究生同学在本书的出版中付出的辛勤工作：各章节的校对、审核及绘图工作由韩旭昊、李晨欣、魏毛毛、于湘、李婷完成；全书的校对及复核工作由刘迪、杨盛文完成。

由于笔者学识有限，书中难免存在不妥与错漏之处，恳请专家及读者给予批评指正。

赵　煜

2021年12月

目　　录

第二部分　省域层面的测度——基于甘、青、宁三省区数据

第三部分 市域层面的测度——基于甘肃省各市州数据

第五部分　结论与展望

第一部分
理论框架

　　本部分分为三章内容,通过对现有研究文献梳理及对我国生态文明建设理论与实践的论述,探讨生态文明的内涵及生态文明建设统计测度的基本原则。在分析总结西部地区生态文明建设所存在问题的基础上,构建了西部生态脆弱区生态文明统计测度理论框架。

第一章

绪　　论

第一节　研究背景及研究框架

一、研究背景与意义

（一）研究背景

人类文明的发展史同时也是人与自然关系的演化史。人类发展历经原始文明、农业文明、工业文明、生态文明四个阶段，每一阶段的发展特征均体现人与自然关系的时代烙印。在以采集渔猎、钻木取火为主要特征的原始文明阶段，人类臣服于自然、崇拜自然。在以男耕女织、自给自足为特征的农业文明阶段，人类尝试利用自然、改造自然，此一时期随着生产力水平的提高，人类在尊崇自然、承认自然对人类主宰地位的同时，改造自然、征服自然的主观能动性与自信心也日益增强。在以机械化与化石能源使用为主要特征的工业文明时期，随着科学技术水平的大幅提高，人类向自然索取的能力和对环境的干预能力越来越强，妄图驾驭自然成为这一时期的典型特征。但是，在工业文明大幅提高人类物质文明的同时，伴随而来的是生态环境的严重破坏。生态失衡、生存环境恶化，资源环境对经济增长的制约已成为全球性问题。传统的从资源—产品—污染排放的直线形经济发展模式已经不能适应人类社会不断发展的需要，寻求一个环境与经济相互协调的发展模式成为必需。此时，以"人与自然和谐共生"为基石的生态文明成为时代诉求，生态文明建设势在必行。

"工欲善其事，必先利其器"。生态文明推进过程中，无论是意识领域还是实践领域，均需破旧立新，摒弃工业文明掠夺心态，构建生态文明和谐发展理念与路径。事实上，自20世纪60年代以来，学术界对人与自然、生态环境与社会经济关系的关注度日益增强，相关文献不胜枚举。在理论研究层面，总体来说，可将研究文献归于两大理论框架——环境经济学与生态经济学。环境经济学[1]以新古典经济学的"稀缺理论"和"效用价值理论"为理论基础,探讨资源环境恶化的制度根源。环境经济学虽然在一定程度上将生态环境内生化,但由于立足新古典经济理论,无法从根本上解决经济增长过程中必然产生的环境问题。而以实现生态系统与经济系统协调永续发展为目的的生态经济学将自然资源与生态环境纳入影响经济增长的内生变量之中,认为人类社会系统是生态经济系统的子系统,生态经济系统决定了社会发展的最大程度,并提出一种社会经济与生态系统结构和功能紧密结合的发展模式——可持续发展模式[2-5],进而思考建设基于可持续发展的新的人类文明,即生态文明的必要性和可行性,以期从根本上协调环境与经济的关系问题。在社会实践层面,全球不同国家在人类可持续发展模式上的探索实践也在积极推行。中国作为最大的发展中国家,改革开放以来,经济取得巨大发展,综合国力持续稳定上升,但在经济高速增长的过程中,同样面临着环境污染、生态恶化等问题。中国政府作为生态文明的倡导者与建设者,在生态文明理念与实践的推进方面始终走在世界前列。生态文明发展观与绿色发展模式,也已成为人类的主要追求而被全球积极实践。当前,有关生态文明建设各领域的科学研究蓬勃开展,理论研究与实践应用相互促进、相得益彰。

"取之有度,用之有节"是生态文明建设的真谛,而要实现有度有节,则需要对生态文明建设过程进行全面科学把控。生态文明建设作为一个长期的建设过程,需要科学规划与统筹管理,需要对建设过程进行全方位定量测度与监控。在相关理论与实践研究已有一定成效但还需进一步探索的背景下,对建设过程中产生的诸如生态经济系统运行测度、发展协调度的量定、生态安全评估等生态文明建设相关统计测度问题的研究,更需要进一步体系化与规范化。或者说,需要构建相对完善的生态文明建设测度体系,选择科学客观的评估方法,使生态文明建设进度及成果不仅可在理论层面进行讨论,也可以伴随建设实践进行定量分析。用客观数据评价一个地区、一个国家生态文明所处状态及发展情况,可使后续决策更准确、更合理,可指导社会朝着人与自然和谐相处的方向科学有序地永续发展。

"绿水青山就是金山银山。"然而,长期以来,西部的发展基本上是以资源消耗为主导的模式进行。这种资源大量开采、涸泽而渔的粗放发展模式对生态环境的破坏相当严重。按照当前生态功能区划分理论,西部地区起着保障我国生态经济系统安全的重要作用,对该区域社会发展与进步的要求应具有区域功能特征。近年来,位于黄河上游的甘、青、宁三省区生态文明建设成效显著,但其特有的区位特征,使其在生态文明建设中面临着更加特殊而严峻的建设任务,如落后的经济需要发展、脆弱的生态亟须保护、生态安全不容忽视等。针对西部生态脆弱区生态文明建设的重点任务,构建统计测度体系以全方位量化管理其生态文明建设过程,是当前西部生态文明建设的一项重要工作,也是区域生态经济统计的重要课题。

(二)研究意义

本书以位于我国黄河上游的甘、青、宁三省区为主要研究对象,立足多学科领域,构建生态文明建设定量测度框架。甘、青、宁三省区既是经济欠发达地区、多民族聚集区,又是生态环境脆弱区、生态安全屏障区,在国家生态文明发展战略中地位特殊,其生态文明建设更需统筹兼顾、多方协调,以求保持定力、均衡发展。因此,注重其区域发展特征与功能,构建区域生态文明建设的合理度量指标,进而对区域生态经济系统的文明运行进行科学评价,具有重要的现实意义。

二、研究内容与框架

本书注重统计思想的贯彻与统计方法的应用,主要采用定性分析与定量分析相结合、指标与模型相结合、静态与动态相结合、时间维度与空间维度相结合的研究方法进行综合分析。

(一)主要研究内容

本书立足于生态经济系统,探讨如何从生态经济学视角建立统计指标体系,借助统计分析方法,全面综合地度量、监测、评价西部生态脆弱区生态文明建设进程。主要内容如下:

第一部分,探讨并界定生态文明的内涵,进而以人类活动为纽带,探讨生态文明不同层面研究之间的关联性与相互补充作用。深入探讨生态脆弱区的局限性与生态功能以及发展的真正含义,基于此,构建西部生态脆弱区生态文明统计测度理论。

第二部分,立足省域层面,探讨省域生态文明建设测度重点,分析省际生态文明建设的比较方式,以国家生态文明建设战略规划为指导,结合西部生态脆弱区基本特征、区位功能与发展定位,构建省域层面生态文明建设统计测度指标体系,并以位于西部生态脆弱区的甘、青、宁三省区为例,进一步测算了甘、青、宁三省区的生态文明进步指数,在分析可比性的基础上,从静态、动态角度比较了甘、青、宁三省区生态文明建设成效及发展短板。

第三部分,以甘肃省为例,立足市域层面,探讨城市生态文明建设统计测度的重点,并从建设水平、发展潜力、城市竞争的有序性及城市生态经济系统运行协调性角度展开评价,全方位探讨城市生态文明建设统计测度核心与方法。

第四部分,就生态文明理念普及度构建测度体系,从问卷与量表两方面构建测度内容、选定测度方法。以兰州市区高校大学生为调查对象,进行实证检验,以完善生态文明理念普及度调查分析体系。

第五部分,结合西部生态脆弱区实际,总结研究思路与相关结论,并对后续研究方向进行思考与展望。

(二)研究框架

本书主要从横向与纵向两个维度、局部与整体多个角度入手,多学科综合,采用理论分析与实证检验相结合、定性分析与定量分析相结合的研究方法展开研究,研究框架见图1-1。

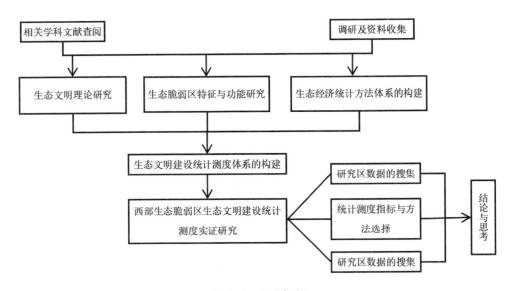

图1-1　研究框架

（三）研究创新

第一，尝试从生态经济学视角，综合各相关学科理论与方法，对生态文明建设进程进行科学定量评估与监测。

第二，结合生态脆弱区实际，构建具有地域针对性的指标体系，为具有特殊区位特征地区生态文明建设后续定量研究提供统计学意义的探索与实践。

第三，为进一步充实生态经济统计学理论与方法进行有意义的尝试，统计定量分析方法与生态学研究方法相结合，应用于生态文明建设统计测度的实践中，既是对生态文明建设定量研究方法的充实与提升，也是生态经济统计理论自身的发展与完善。

第二节　生态文明建设研究现状及特点

党的十八大将生态文明建设提升到国家战略层面，我国已成为生态文明建设的全球领军者。虽然国际社会有关绿色发展、可持续发展理念的理论与实践为国内研究提供了大量经验与思考，但当前全球生态文明建设理论与实践成果主要来自国内，我国为全球的研究提供了丰富的经验与思路。

对于生态文明建设及其统计测度问题的研究，学术界始终沿着理论与实证两条主线展开。其理论研究成果主要出自哲学及相关社会科学领域，而实证研究成果涵盖领域则相对宽泛，呈现跨学科综合特征。不同学者就相关理论的实践及实证从不同学科角度进行了验证分析。

一、生态文明建设相关研究

（一）理论研究

国际社会对生态经济协调理论、可持续发展理论研究与实践成果的不断积累，为后续全方位进行生态文明建设奠定了良好的基础。各国学者一直在寻求有别于传统模式的发展道路，期望实现人与自然和谐共生的发展局面。Bohannan 于1971年预见"后文明"时代即将出现[6]，而 Morrison 在 1995 年正式将生态文明定义为工业文明之后的新的文明形式[7]。Megrath、Lambert、Azbar 等从不同学科角度出发，丰富并充实了生态文明建设理论体系。世界自然保护联盟（IUCN）发布的"可持续性晴雨表",联合国可持续发展委员会(UNCSD)发布的可持续评价体系,环境经济综合核算体系(SEER)对各国生态环境核算体系的设计及相关专家Button K、Odum、Fichtner的工作,则进一步探讨了生态文明建设定量测度体系的构建及评价方法的选取。

国内生态文明理论研究围绕生态文明内涵的界定、生态文明理论体系的构建、生态文明建设布局等方面展开。如刘思华[8]将生态文明纳入与物质文明、精神文明并存的现代文明的范畴;王雨辰[9]分析了习近平生态文明思想的三个维度及其当代价值;谷树忠等[10]对生态文明建设的内涵及路径进行了界定;马新[11]从"五位一体"视角分析了生态文明建设的制约因素,进而探讨破解途径;张金泉等[12]提出了区域生态补偿机制论。

(二)实践研究

实践研究的重点主要集中在生态文明建设内容、建设侧重点及实现途径的探讨上。为全方位把握生态文明的建设,不同学者从不同角度探讨了生态文明建设的内容与路径。

王玉玲[13]认为,生态文明应该从五个方面进行建设,第一是树立正确的生态文明观;第二是改变现有的经济发展模式;第三是坚持构建资源节约型和环境友好型的社会;第四是构建完善的生态法律制度体系;第五是贯彻国际合作的准则。

张弥[14]强调,应将生态文明建设全方位融入中国特色社会主义事业当中,通过制度和法律来推动生态文明建设,树立社会主义生态文明观。

陈筠泉[15]则主张将生态文明建设转化为广大人民的自觉行动,加强生态文明教育,培养生态文明意识。并且将生态文明建设制度化,将公众的生态文明意识与生态文明制度结合起来,使其能够成为规范和约束人们行为的标准。

二、生态文明建设统计测度相关研究

定量研究生态文明建设进程是生态文明制度建设不可或缺的一个环节,相关研究成果丰富,研究角度多样,体现多学科、多理论、多方法融合的特征。结合当前研究重点,可从研究内容、指标体系构建、研究方法三方面进行总结。

(一)研究内容

生态文明建设定量测度内容多样,主要包括对不同研究对象、不同研究层面、建设的不同方面等进行测度,测度的重点集中在生态文明建设过程的动态监控、规律总结及综合评价等方面。

研究对象的选取大到生态经济系统全集,小到生态经济系统的构成要素。研究层面涵盖宏观、中观、微观各层面。诸多研究从生态文明建设的不同方面入手。例如,秦伟山等[16]从地理学角度探讨了生态文明城市评价指标体系;蒋小平[17]对河南省的生态文明建设进行量化研究;成金华等[18]探讨了矿区生态文明建设量化评估问题;张欢等[19]分析了中国省域生态文明建设差异;刘薇[20]以北京市为例,研究了经济发达地区生态文明建设与区域经济发展之间的关系。

(二)指标体系构建

指标体系的构建是生态文明建设定量研究的重点与难点,国内外相关理论与实践研究已有一定的成果。

1.国外指标体系研究成果

20世纪60年代,联合国等国际组织提出了可持续发展的概念,国外建立的有关可持续发展评价指标体系通过了若干实际测评和对比分析[21-27]。自1987年世界环境与发展委员会(WCED)发表《我们共同的未来》后,可持续发展的思想逐渐引起人们的重视。1992年,联合国环境与发展大会(UNCED)发表《21世纪议程》,之后可持续发展相关研究在全世界范围内向深度和广度推进,相应的可持续发展指标体系研究则是贯穿于不同层次和领域,成为可持续发展理论的重要组成部分[28]。

20世纪90年代以来,各国对可持续发展的定量研究日渐关注,从不同领域、不同范围及不同层次探讨指标体系的确立和使用。具体来说,国际指标体系的研究主要围绕指标体系框架的建立、指标体系中指标属性的分析、指标体系中指标的综合方式等问题展开,相关研究成果为国内研究提供了一定的借鉴价值。

(1)DSR指标体系

指标体系框架的建立路径,当前最具代表性的是驱动力—状态—响应(Driving-State-Response,DSR)[29]概念框架。

联合国可持续发展委员会(UNCSD)于1995年提出DSR概念框架,并基于“经济、社会、环境和机构”四大系统概念模型的基本框架和《21世纪议程》中的主题章节,制定了134个可持续发展指标。UNCSD设计的可持续发展指标体系对国际社会产生了深远影响。经过进一步系列实验测试,2001年,UNCSD设计了一个新的核心指标框架,其中包括15个大项38个子项,涉及安全、公平、教育、健康、土地、大气、住房等方面。

多维矩阵DSR指标体系可以直接从指标列表中选取自己所需要的指标,较好地反映了指标之间的相关性,并形成有机整体。之后UNCSD设计的一整套选取范围覆盖广泛的指标作为普遍模板,被用到很多的测量项目上,为各国关于可持续发展的共同优先性探讨,以及可持续发展政策的提出、开展和批评等给出了重要参考。

尽管DSR指标体系备受青睐,但其缺陷同样明显。首先,DSR指标体系中驱动力指标与状态之间没有必然的逻辑关系,而且对生态、环境方面给予过多关注,忽视了经济、发展、政策等的影响程度。该指标构建思路被国际专家多次讨论、研究、修改,但由于不同国家之间测度因素不同,因此未能广泛应用于各国实践中。其次,颇多的指标数量导致应用的不方便,指标群划分的粗细不同、分解不均,指标的冗杂使相应归属是"状态指标"还是"驱动指标"的界定不清晰。除此之外,由于可持续发展是个动态过程,而DSR指标体系构建中动态因素较少,使得指标测度结果的动态性与精准性不足。

(2)绿色GDP

绿色GDP关注国民经济核算体系中各指标的核算方式,强调环境价值。传统的国民经济核算指标以GDP为核心,曾受凯恩斯的高度推崇。而当面对资源短缺、生态环境恶化等一系列环境问题时,传统的国民经济核算指标展现出GDP在测算可持续发展方面存在的局限性,即重视评估经济总量而没有反映经济活动对资源、环境的消耗和破坏。1993年联合国经济和社会事务部在修订《国民经济核算体系》中提出"绿色GDP"思想,即在传统GDP的基础上减去自然和人文对经济的消耗,将经济与生态环境结合考虑,成为目前为止较成熟、准确地衡量国家或地区经济发展的重要指标。

虽然"绿色GDP"为生物资源的核算提供了思路与方法,但在实际研究中,"绿色GDP"的缺陷逐渐显现,其主要缺陷为实际操作不便且以价值量替代实物量的处理,不能真正度量自然存量。

(3)各类综合指数

在探讨指标体系中指标的综合方式过程中,一些学者与机构提出了度量可持续发展的若干综合指标。联合国开发计划署(UNDP)于1990年5月首次将人文发展指数(HDI)用于测算世界各国人类发展情况。之后,又提出真实发展指数(GPI)用以测算人类综合发展。

HDI强调了国家发展应由以物为中心转向以人为中心,并指出追求合理的生活水平并不是对资源的无限占有,从而对传统的消费观念提出了挑战,丰富了单一经济发展的内涵。HDI与现有国民经济核算指标、收入水平等统计体系相衔接,并简明多维、比较性评价各国人类发展的方法。其缺点在于过分强调国家的行为和排名,而没有从全球观点看待发展问题。此外,HDI指标对计算技术要求高,难以操作,关于地理空间的不均衡在指标计算上不能很好地体现。

GPI包括了对高生活质量和可持续生活方式有贡献的福利状况,但GPI框架计算时依据的定量数据较少涉及主观数据与定性数据,估计与人力资本、社会资本和自然资本有关的全部成本和效益是一种挑战,多数情况下,这种信息无法搜集。

总之,无论是人文发展指数还是真实发展指数,在涉及生态环境、收入差距、代际福利变化等因素时,个人主观因素较多,不易量化。

2.国内指标体系研究成果

国内指标体系的研究文献众多,主要围绕生态文明建设成效评价指标体系的构建与应用。

(1)政府研究成果

关于生态文明建设指标体系的构建,我国在探索实践方面做了大量工作。当前最具权威的是绿色发展指数。

我国于2016年12月发布绿色发展指数用以评价各级政府生态文明建设成效,2017年我国首次发布了2016年生态文明建设年度评价结果公报,并将绿色发展指数列入了五年一次的生态文明建设目标考核。

我国《绿色发展指标体系》包括6个一级指标、56个二级指标,另列民众满意度值。其编制和使用有以下特点:

第一,绿色发展指数属于统计学综合指数,构建时采用了主观赋权法进行加权平均,优点在于可以体现国家生态文明建设战略侧重,易操作、可比性强。

第二,绿色发展指数构建了规范的政府生态文明建设评估体系,便于在全国宏观范围内进行比较,2017年全国各省市同时发布了地市级、县级绿色发展指数以评价政府绩效。但其在微观层面的可比性有待探讨。

第三,绿色发展指数指标体系大而全,由于我国发展的地域性特征鲜明,各地区中微观层面生态文明建设评价可构建辅助评价指标体系进行补充。

第四,绿色发展指数中的满意度指数一般来自电话调查,满意度分值与被访者的生态文明素养直接相关,因此尚需完善整个测度体系。

(2)学术界研究成果

学术界有关指标体系的研究共性是侧重指标体系框架的构建,并结合实证进行适用性探讨,而研究差别在于对生态文明建设及生态经济系统的解构角度不同。

第一,从生态文明内涵解读角度构建指标体系。

例如:王会等[30]对生态文明内涵的阐释进行分解,构建了具有三级指标结构的生态文明评价指标体系。

杜宇等[31]建立了含人口、自然环境、经济、政治及思想文化五大维度的生态文明建设指标体系。

李茜等[32]从生态文明核心价值出发,在环境保护、经济发展与社会进步三大方面选取指标。

第二,从生态文明建设的领域角度构建指标体系。

例如:倪珊等[33]将生态文明建设分为生态意识文明、生态行为文明和生态制度文明建设,构建生态文明城市指标体系总框架。

田智宇等[34]提出从经济发展、资源利用、生态环境、社会进步和制度建设五方面,构建我国生态文明建设评价指标体系。

第三,从生态文明建设不同研究对象角度构建指标体系。

例如:程进等[35]、乔丽等[36]侧重探讨了行业生态文明、微观领域生态文明的建设与评价问题。

(三)研究方法

由于研究内容各异,生态文明建设定量分析方法丰富多样,但方法应用的重心依然在生态文明建设的综合评价方面。由于生态文明建设的系统性特征,对建设过程的定量分析方法具有不同的理论背景,总的来看,生态学理论与计量经济学理论是两大主要的支撑理论。

1.生态学理论

1992年,加拿大生态学家 William Rees 提出"生态足迹"的概念,并由他的学生——博士生 Wackernagel 进一步完善[37]。生态足迹概念以其全新思考角度和较好的可操作性得到学者的广泛关注与应用。计算生态足迹时,只需几个固定指标的数据,相应的数据比较容易获得,可直接有效地表明实际情况和目前所获成果与目标之间的差距。生态足迹引入的等价因子和生产力系数,使不同地域、不同类型生物资源消耗具有了可比性和可加性,因此得到广泛的应用。

1987年,美国生态学家H. T. Odum[38]提出了能值分析理论。能值分析理论将生物资源统一成太阳能能值,并以较为稳定的能值转换率和能值密度度量生态存量发展情况,克服了生态足迹对各种资源、产品等由于没有固定的衡量标准而无法进行比较的难题。目前,能值分析理论与生态足迹相结合被公认为国际上评价生态系统变化最有效的方法之一。

国内借助生态学方法进行生态文明建设定量研究的文献比较丰富,研究切入点多样。代稳等[39]从生态足迹方面作为切入点,构建水资源生态承载力模型及生态安全评价模型,对六盘水市生态文明建设提供水资源生态安全评价指标体系方面的依据;黄晓园等[40]利用生态足迹方法对云南省的生态文明建设绩效进行了评价;而金丹等[41]探讨了能值生态足迹模型在资源型城市中的应用。

2.计量经济学理论

借助计量经济学理论进行生态文明建设实证研究的文献着重集中于两类问题:一是生态文明建设成效的评价问题,二是生态经济系统内在关联性计量问题。

建设成效评价方面,众多学者采用诸如层次分析法、灰色评价法、模糊综合评价法等多种方法尝试对生态文明建设进行统计测度方面的实证研究。如杨开忠等[42]借助生态效率指标对中国各省的生态文明程度进行排序;蓝庆新等[43]借助层次分析法构建指标体系,运用综合评价方法横向比较了2011年北、上、广、深四个城市的文明建设水平。

在生态经济系统内在运行及关联性研究方面,赵煜等[44]利用组合模型预测了甘肃省的生态足迹序列;熊曦等[45]测度了生态文明建设与新型城镇化的协调度。

三、生态文明意识相关研究

(一)生态文明意识含义的研究

公民作为社会中的一分子,其生态文明意识在生态文明建设过程中起着关键性作用。陈铁民[46]认为,生态文明意识是人类对于自身力量与自我意识的深层次体现,它是以对人与自然两者关系的科学认识以及全新哲学观念为基础的。

(二)生态文明意识培育的研究

生态文明意识培育包括生态文明科学意识培养、生态文明法治意识培养以及生态文明道德意识培养[47]。

卓越和赵蕾[48]的研究表明,我国现阶段公民生态文明意识发展不平衡,公民参与生态文明建设缺乏相应的制度保障,利益主体之间存在冲突与博弈,需要对公民的生态文明意识进行进一步培养。

(三)生态文明意识评价的研究

采用相应调查手段,对公民的生态文明意识进行评价,能够客观地反映出现阶段我国公民的生态文明意识程度。但通过整理相关文献发现,关于公民生态文明意识评价的文章相对较少,仅有部分学者对生态文明意识问题进行了研究。

贺梦莹和上官铁梁[49]从公民的生态文明认知水平、公民对我国生态文明建设的满意度以及公民对生态文明建设的践行度三个角度对不同背景的公民进行生态文明意识的研究。研究表明,公民的生态文明意识在文化程度方面存在显著或极显著差异,生态文明的整体认知状况与公众的受教育程度成正比。

苏美岩[50]通过对绍兴地区高校学生进行生态文明意识的调查表明,高校学生对生态文明建设知识了解很多,对其重要程度的认识水平也很高,对于生态文明建设及其相关制度与措施保持积极的态度,说明绍兴地区高校学生的生态文明意识较高。

四、生态文明建设研究特点

(一)生态文明建设测度

当前生态文明建设定量研究虽成果颇丰,但也存在一些亟待解决的问题。

首先,针对区域生态功能与特征所进行的相关理论与实践研究的文献相对较少。我国区域地理跨度较大,生态承载能力差异显著,经济发展极不平衡,生态文明建设应倡导与区域生态经济现状相协调的进步率与发展观,需要分析不同发展阶段、不同地域生态文明建设与该区域社会经济协调发展的内在规律、发展模式、评价标准、调控机理。

其次,从单一学科角度构建测度体系的探讨较多,而从跨学科综合研究角度所构建的测度体系相对较少。生态文明建设测度体系的构建与实践路径的选择,是一个横跨自然科学、社会科学,涵盖诸多学科的综合研究与实践内容,从意识领域到物质层面,均需产生根本变革。因此,对其定量测度研究应采各相关学科研究方法之所长,以期建立全面、科学的测度体系。

生态文明统计测度研究隶属于生态经济统计研究领域。将先进的统计方法与生态经济学相结合,建立生态经济统计研究体系,进而对生态文明建设各环节、各层面进行科学定量研究,是生态文明制度建设一项重要而紧迫的任务。

最后,关于公民的生态文明意识问题的统计测度,相关资料相对匮乏,并且从目前的研究状况来看,仍然存在一些问题和不足。从现阶段来看,目前仅有关于公众生态文明意识或大学生生态文明意识研究的为数不多的学术文章,理论内容需更深入地研究。

(二)指标体系构建

统计指标体系的构建是我国生态文明建设定量研究成果最丰富的领域,但成果与问题并存,仍需政府及学术界持续研究实践。

一方面,现有研究成果体现了一致性特征,探讨了生态文明建设和区域外部生态环境之间的联系。

以我国政府提出的绿色发展指数为例,该指数能从整体上对生态文明建设程度、质量和水平进行全面评价,系统反映生态文明建设各个具体领域的驱动因素、客观状态、政策努力等,并且具有规范性和权威性,与政绩考核中的实绩分析指标相衔接,与已有各项规划约束性目标相衔接。

另一方面,我国生态文明评价体系的研究中指标因子间缺乏一定的协调性,指标体系的实用性和可操作性有待提高。

第一,指标体系的共性足够但差异性不足,缺乏具有地域特色或功能特色的专门评价体系,这种全国一个标准一刀切的评价体系既不利于地方差异化发展,也可能导致一些急功近利的行为。

第二,评价指标对系统性的度量能力仍有欠缺。许多指标体系构建"大而全",尽管涉及各个领域,但对生态文明建设与各地区发展方式的转变、主体功能区定位等的系统性分析甚少。

第三,评价指标体系构建多为静态评价服务,为过程评价而构建指标并选取方法展开分析的文献研究相对较少。

第三节 理论基础与概念界定

一、生态经济学相关理论

生态经济学是一门研究生态经济复合系统的结构、功能及其运动规律的综合性学科。它以生态经济系统为基本研究对象,以生态与经济的密切联动关系与协调发展为主要研究内容,其核心内涵为可持续发展理念,核心理论为生态经济协调理论[51]。

（一）生态经济系统

生态经济系统理论是生态经济学基本理论之一,其一般原理和范畴构成生态经济学研究的基石。生态经济系统理论强调生态经济系统是生态经济学的研究对象,是一切经济活动的载体。生态经济系统理论主要包含三方面的内容:生态经济系统的概念及其内在关系;生态经济系统的主要特征;人在生态经济系统中的能动作用。

1.生态经济系统的概念

生态经济系统理论将生态经济系统定义为由生态系统和经济系统相互交织、相互作用、相互耦合而成的具有一定结构和功能的复合系统。在此系统中,存在生态系统和经济系统之间物质、能量、信息的传递与交换。

对于生态经济系统来说,人类是主体,生态系统是自然环境,经济系统的其他要素构成经济环境。当且仅当人类运用各种技术手段,通过生产活动与生态系统进行物质和能量的交换时,才能构成生态经济系统。在生态经济系统的两个子系统中,生态系统是经济系统的基础,经济系统是生态系统演进的主导,二者之间的传递机制呈现不对等性。生态系统的基础作用体现在为生态经济系统的生产活动提供必要的物质与能量,是经济系统运行的保证;经济系统的主导性体现在经济系统的决定作用,经济系统的运行过程是具有一定目的性的社会活动。一个良性循环的生态经济系统,必然是其生态子系统与经济子系统互为因果关系的有机整体,人类及其技术活动即为两个子系统之间的耦合工具。

2.生态经济系统的主要特征

第一,融合性。生态经济系统的融合性是指将经济活动和自然生态环境视为一个有机整体来研究经济活动及其发展规律。这一融合表现在自然规律与经济规律之间的融合,如作为实体系统的生态系统与作为概念系统的经济系统之间的融合,生态经济目标和生态经济再生产过程的融合,生态经济系统中自然再生产、经济再生产和人类自身再生产三个再生产过程的融合等。

第二,有序性。生态经济系统是一个具有耗散结构的开放系统,生态系统和经济系统之间相互输入、输出物质与能量。其中,生态子系统具有有序的逆反馈机制,这种有序的反向作用,使生态系统内各生物种群个体数量稳定地围绕某一阈值上下波动;经济子系统具有正反馈机制,具体表现为经济要素和经济系统目标之间的正向作用关系,经济活动的利益性使其倾向于为经济系统施加正的冲击,而系统运行对外在的正冲击回馈以正的运动方向,新古典经济学中的经济增长理论就是这种正反馈机制的最直接体现。生态经济系统的运行同时受自然规律与经济规律的制约,当两个子系统处于相互协调状态时,生态经济系统通过正负双向的反馈达到调节系统的结构,使系统得以进化和上升。

第三,中介性。中介性是指生态系统与经济系统的耦合需要人类及其科学技术作为介质。科学技术是开发、利用和更新自然物的物质手段、精神手段以及信息手段的总和,是经济系统对生态系统反馈的直接手段,先进的技术能促使生态经济系统得到高效的良性循环,进而促进生态经济系统的演进。

第四,演进性。生态经济系统演进是生态系统演进与经济系统演进的统一。生态系统与经济系统是一对矛盾统一体。从基本要求来看,经济系统要求达到对生态系统的最大利用,生态系统要求达到对自身的最大保护,二者之间存在矛盾;从长远来看,人类对生态系统期望永续利用、相应的生态保护行为与生态系统的要求达到统一,随着社会生产力水平的不断提高与科学技术的不断发展,在二者对立统一的运动过程中,生态经济系统实现从原始性到掠夺性再到协调性的演进过程,从而达到生态经济系统的可持续发展。

3.人在生态经济系统中的能动作用

生态经济系统理论认为,要实现生态经济系统的协调发展,进而达到可持续状态,人在其中发挥着重要的主观能动作用。生态经济系统的建立诉求来自人类,生态经济系统运行的主导者也是人类,只有人类对发展有正确认识才能推动人类社会走上和谐的生态经济系统可持续发展道路。

(二)生态经济协调理论

生态经济协调理论是生态经济学核心理论之一,是生态经济活动实践的一个重要指导思想。生态经济协调理论认为协调是生态经济系统保持健康发展的必要保证,认为通过人的主观能动作用,生态经济系统的两个子系统之间可以实现和谐一致、配合得当的有效运转方式,生态系统与经济系统之间表现出一种良性互馈的关系,具体表现为生态经济系统内物质与能量的交换,既能满足社会经济增长的需要,同时又能保持生态系统的平衡稳定。

生态经济协调理论的内涵体现于生态经济学三个基本理论范畴:生态经济系统理论、生态经济平衡理论、生态经济效益理论,即生态经济协调是生态系统与经济系统的统一和协调、是生态平衡与经济平衡的统一和协调、是生态效益与经济效益的统一和协调。

生态经济协调理论强调生态经济协调发展是人类认识和处理生态经济问题的核心思维,是人类社会发展的正确方向。人类应发挥主观能动性,在生态经济活动中努力追求经济发展与自然资源利用的协调,经济发展与环境保护的协调,经济发展与人口、资源和环境的总体协调。

事实上,生态经济理论研究经历了初期的生态经济平衡研究阶段、生态经济协调发展研究阶段,而到了当前的可持续发展研究阶段。相对于生态经济平衡理论,生态经济协调理论体现了人类生产活动对待生态系统更积极、更文明的转变,生态经济协调理论也为生态经济系统的可持续发展提供了必要的保证。

二、生态脆弱区统计测度要点

(一)生态脆弱区的界定[1]

生态脆弱区是指两种不同类型生态系统交界过渡区域,也是我国生态保护的重要领域。

我国生态脆弱区大多位于生态过渡区和植被交错区,是我国生态问题突出、经济相对落后、人民生活水平相对较低的地区,同时也是我国环境监管的薄弱地区。

(二)生态脆弱区生态文明建设统计测度要点

生态脆弱区具有系统抗干扰能力弱、时空波动性强、环境异质性强等特点。因

---

[1]本部分内容整理自《全国生态脆弱区保护规划纲要》,2008年。

此,生态脆弱区生态文明建设的重点还在于环境保护、生态修复,因而统计测度也以生态安全性、系统运行的合理可控性为主。

第一,重视预警体系的构建,预防和保护同等重要。

建设生态脆弱区的生态监测制度与预警体系,重点测度区域生态安全、生态保育与产业活动的关系、生态恢复成效等。

第二,注重资源利用梯度性合理性的度量,以确保统筹发展。

合理量化模拟资源流动路径,积极探索生态脆弱区保护的多样化模式,形成生态脆弱区保护格局。定量分析格局的稳定性、资源配置的有效路径,最终达到以保护促发展,保持生态脆弱区自然生态平衡、生态经济系统运行稳健。

三、生态经济统计基本方法

统计研究的各个环节,一般要用到三个基本工具——统计指标体系、统计图表、统计模型[52]。

1.统计指标体系

统计研究是通过对统计指标的分析来达到对研究对象的认识与了解的。由于研究对象往往具有多方面的数量特征,要全面了解研究对象,就需要确立多个指标,这多个指标相互联系、有机组合而构成指标体系,能够展现研究对象的内在规律、普遍联系和一般发展趋势,从而能帮助我们系统认识研究对象。从实际问题中抽象出变量进而构建指标体系,是利用统计学方法进行科学研究的第一步,是统计定量分析的开始。

2.统计图表

统计图与统计表是对统计数据一般特征进行展示与描述的有力工具,是统计信息的最直接提取方式,在各类科技论文或论著中有广泛应用。统计图表不仅可以揭示现象的内部结构和依存关系,而且可以显示现象的发展趋势和分布状况,是统计信息描述的有力工具。

3.统计模型

统计模型是随机分析方法的核心工具,定量反映变量间或系统间的关联性或规律性。统计模型将现实问题简约化、抽象化,能抓住问题的主要方面,使研究内容科学可信,也是生态文明建设统计测度的主要工具之一。

（二）系统特征描述一般方法

静态分析[52]依赖于统计截面数据与短期数据展开分析，在研究中限制一些条件，着重反映系统的静态特征与整体规律性。

比较分析与结构分析是了解系统基本特征的重要分析方法，二者均可以借助横截面数据与时间序列数据进行研究。比较分析是在确定的参照系下，对系统进行不同条件或相似条件下的对比研究。其中，立足于时间序列数据的比较，关注系统在不同时间所表现出的不同性质和特点；立足于横截面数据的比较，关注系统内同类元素所表现出的异同性。结构分析是从经济整体性及构成的角度分析系统状态，主要是一种静态结构分析。

如果对不同时期内经济结构变动进行分析，则属动态分析。动态分析把系统运行看作一个连续的发展过程，立足于时间序列数据，关注系统运行过程中的动态特征与发展规律，注重时间因素，重视过程分析。

（三）综合评价一般方法

1.综合评价的含义

综合评价[53]是指运用多个指标对多个参评单位进行评价的方法。其基本思想是将多个具体指标转化为一个能够反映综合水平的抽象指标来进行评价分析。

2.综合评价主要方法

指标权重的确定是综合评价中的一个重要问题，准确、合理的指标赋权对评价结果的准确性有着重要的影响。采用准确的赋权方法对评价结果具有重要的意义。常用的赋权方法有主观赋权法、客观赋权法以及组合集成赋权法。主观赋权法主要有德尔菲法、层次分析法、秩和运算法等，它们有个共同的缺点是指标权重会受到评价者的主观经验影响。客观赋权法主要有主成分分析法、熵值法、均方差法等，这种赋权方法虽然突出体现了各指标的客观实际情况，但完全忽略评价者的主观感受，也会使评价结果存在误差。因此，本书采用组合集成赋权法，选用合理的方法将主观与客观两种赋权方法有机地结合起来，使所确定的权重系数能够同时体现主观、客观信息对评价指标数据的影响。

第二章

中国生态文明建设理论与特征

第一节　生态文明含义与特征

党的十八大以来,我国生态文明建设强力持续推进,无论是理论建设还是实践建设,均取得了显著成效。生态文明思想日趋成熟,生态文明建设体系日益规范。

一、中国生态文明思想的形成

工业革命带来的全球化生态危机,发展中国家面临的资源匮乏与经济发展之间的深刻矛盾,是当今国际社会无法回避且亟须解决的。中国身处其中,面临同样的矛盾和问题。直面矛盾、理性探索发展模式的过程也正是中国生态文明思想的形成过程。

（一）中国生态文明思想是马克思主义生态哲学理论的传承

中国生态文明思想以马克思主义生态哲学理论为基石,是马克思主义生态文明观的传承与发展。马克思主义生态思想辩证地阐述了人与自然之间的关系、人类生产活动与自然环境之间的关系以及生产力与生产关系之间的关系。其核心内容有以下几点:

1.人与自然关系的辩证统一

正如恩格斯所指出的,"动物仅仅利用外部自然界,简单地以自己的存在来使自然界改变;而人则通过他所作出的改变来使自然界为自己的目的服务,来支配自然界"[54]。马克思主义生态哲学认为人与自然之间是辩证统一的关系。一方面,自然界先于人类而存在,是人类生存发展的必要条件,人类的生产实践活动依赖并受制于自然界;另一方面,人类的发展又具有相对独立性与主观能动性,人类的生存与发展过程也是其对自然界的改造过程。因此,人与自然均具有能动性与受动性,二者

21

相互制约、对立统一。

2.人类生产活动与自然环境关系的辩证统一

马克思认为"劳动首先是人和自然之间的过程,是人以自身的活动来引起、调整和控制人和自然之间的物质交换的过程"[55]。一方面,人类生产活动的对象是自然界,自然界为人类的生产活动提供自然资源,此时人类的活动是索取方,自然环境是供给方;另一方面,人类的生产活动又能调整、改变自然资源存量与结构,自然环境受动于人类活动而改变,此时,人类生产活动是施与方,自然环境是接受方。在生态环境承受阈值内,人类生产实践活动产生的人与自然间的物质交换具有互予互取的辩证统一关系。

3.生态经济生产力与生产关系的辩证统一

马克思主义生态哲学立足于生产力与生产关系的辩证统一关系,强调生产力的发展和进步为改变人与自然的关系提供了可能性,是生态环境问题产生的主要根源。马克思指出"现代科技和现代工业一起变革了整个自然界,结束了人们对于自然界的幼稚态度和其他幼稚行为"[56]。一方面,生产力决定生产关系。工业革命与科技进步为人类正确处理人与自然关系提供了强有力的技术支撑,科学自然观与绿色发展观的践行,离不开先进的生产力水平。另一方面,生产关系又会反作用于生产力。生产关系能够推动生产力的发展,同时也会阻碍甚至破坏生产力的发展。在生产力水平日益提升的同时,尊重自然规律,正确处理人与自然的关系,才能够使人类文明在人与自然的良性互动中发展,实现人与自然和谐共生的追求。

(二)中国生态文明思想蕴含着中国传统生态哲理

中国传统的生态思想和哲学理念在人与自然的关系、发展与索取的关系、资源消耗与生态保护的关系等方面有着丰富的成果,对于生态文明思想的形成有巨大启示,使中国生态文明思想积淀了中国传统文化的智慧与精华,既具有历史感又具有时代性。

1."天地同根"与"生态经济系统一体化"

老子所提出的"天地同根,万物一体"认为天地间万物均可视为一体,揭示事物的共性特征,与生态文明中的"系统性"观点呼应。生态经济学认为,地球生命主体与生态环境是一个有机体,与作用于其上的人类生产实践活动一起,构成生态经济系统。生态经济系统是由生态子系统、经济子系统构成,以人类生产实践活动为介质,实现子系统之间物质、能量和信息的交换,以及价值流的循环与转换。生态经济系统呈立体网络结构特征,依不同共性可分为各级子系统,各子系统之间相互交织、相互作用而形成一个大的复合生态经济系统,传统哲学中"民吾同胞,物吾与也""众生平等"等就是对系统间及系统内要素关系的最朴素描述。

2."天人合一"与"人与自然和谐共生"

"天人合一"为中国传统哲学思想。宇宙自然是大天地,人则是一个小天地。人和自然在本质上是相通的,"天人合一"就是与先天本性相合,回归大道,归根复命。《易传·序卦》提出"有天地,然后万物生焉,盈天地之间者唯万物",同样强调人类社会在自然界的基础上发展而来,人与自然万物相互依存,故一切人、事均应顺乎自然规律,达到人与自然的和谐。因此,"天人合一"的基本内涵正是当代生态文明建设的基本理念——"人与自然和谐共生"。

3."道法自然"与"顺应自然规律"

"道法自然"认为"道"所反映出来的规律是"自然而然"的,宇宙万物均效法或遵循"道"的"自然而然"规律。当代生态文明思想同样强调顺应自然规律,减少人为扰动,这与"人法地,地法天,天法道,道法自然"有相同的理念。

4."取之有度、用之有节"与"可持续发展观"

古人云"地力之生物有大数,人力之成物有大限,取之有度,用之有节",主张有计划地索取,有节制地使用自然资源,反映的正是当代生态文明思想中的可持续发展理念,言简意赅地表述了资源保护与经济发展中的关系。

(三)中国生态文明思想受益于对西方发展理念的反思

工业革命以来社会经济的快速发展,引发一系列生态危机。面对严峻的生态形势,西方的政府与学者从理论与实践两个角度入手,寻求能解决资源匮乏与经济增长之间矛盾的途径,从而形成了一系列资源约束下的发展观。我国生态文明思想正是结合中国现状,在反思西方发展理念的基础上形成与发展的。

1.生态伦理观

我国生态文明中提出的和谐生态伦理观来自对西方生态伦理观的反思。西方生态伦理观不承认自然权利,认为只有人类才有权利;并将人与自然分开来,不视为一个整体。和谐生态伦理观是从调节人与自然的关系为逻辑起点,把人与自然的和谐关系看作研究对象,最终目的是要在适度满足人类利益的同时,又要实现自然生态平衡。

2.西方绿色思潮与环境主义

我国生态文明中提出的绿色发展理念来自对西方绿色思潮与环境主义的反思。20世纪60年代,《寂静的春天》[57]的发表标志着绿色思潮的兴起。1992年里约热内卢召开了联合国环境与发展大会,标志着生态环境保护问题终于摆到了世界各国的议事日程上。

西方环境主义是在绿色思潮影响下产生的一种新型理论,环境主义是在现存资本主义框架范围内来解决生态环境问题。为了能够有效解决生态环境问题,环境主义认为首先是要严格控制人口增长;其次是要开发出更好的技术,通过技术进步和革新来解决生态环境问题;最后就是要把市场化原则引入自然资源的运用中。

二、生态文明概念与特征

(一)生态文明内涵与概念

有关生态文明内涵的界定,学术界探讨颇多,至今尚无定论。我们可依据我国政府对生态文明建设的引领路径,探讨其内涵及概念。

党的十六大提出"可持续发展能力不断增强,生态环境得到改善,资源利用效率显著提高,促进人与自然的和谐,推动整个社会走上生产发展、生活富裕、生态良好的文明发展道路"的全面建设小康社会目标;党的十七大把"生态文明"作为全面建设小康社会的新目标;党的十八大把生态文明建设放在突出地位,以"五位一体"的总布局推进生态文明建设,从而走向社会主义生态文明新时代。

关于生态文明的概念,本书选用十八大的定义:生态文明是人类为保护和建设美好生态环境而取得的物质成果、精神成果和制度成果的总和,是贯穿于经济建设、政治建设、文化建设、社会建设全过程和各方面的系统工程,反映了一个社会的文明进步状态。

(二)生态文明基本特征

第一,生态文明是人类文明的一种新形式,是继工业文明后人类文明的一个新发展阶段。生态文明观的基石是人与自然的和谐共生,生态文明观的核心是人类社会的可持续发展。

第二,生态文明是以人为主体,人、自然、社会相互协调发展、共同交互作用;相互依存、相互制约,是根据相应的自然规律和社会规律建立起来的人、自然、社会和谐共处的复合型文明形态。

第三,生态文明立足于生态哲学、生态伦理学、生态经济学等理论,注重生态现代化进程;生态文明体现先进的生产力水平,其内容涵盖物质文明、精神文明、政治文明等社会文明各方面。

第四,生态文明观的表征是"和谐"与"可持续"。"和谐"体现人类对自然生态的尊重,"人与自然和谐共生"正是生态文明的基本理念;"可持续性"体现人类对自然资源使用的文明态度,"取之有度,用之有节"的生态观,正是生态文明的真谛。

第二节　中国生态文明建设相关理念

一、生态文明建设的内涵

生态文明建设的内涵相对丰富,可从不同角度进行解读。

第一,党的十八大以来将生态文明建设纳入中国特色社会主义事业"五位一体"的总体布局中。"五位一体"总体布局体现辩证思想,五大建设之间普遍联系、相互影响。生态文明建设内容体现于我国社会主义现代化建设的方方面面。

第二,党的十九大提出,当前我国社会主要矛盾是人民日益增长的美好生活需要和不平衡不充分的发展之间的矛盾,生态文明建设强调建立既能满足人们美好生活需要又不会对自然生态造成损害的发展模式,旨在从根本上解决我国生态资源压力与经济社会发展之间的矛盾。

第三,生态文明建设的内容主要为构建生态文明体系,推动绿色发展,改善生态环境,防范生态风险,提升生态科技水平等。

二、生态文明建设基本特征

(一)生态文明建设是一个系统工程

生态文明建设涵盖社会主义建设的方方面面,无论是"五位一体"的国家战略布局,还是"四梁八柱"的生态文明制度建设,无不体现生态文明建设的复杂性与系统性特征。因此,生态文明建设需将生态经济系统视为有机整体,建设过程关注各子系统之间的相互联系、相互制约关系,力求子系统之间的耦合关系稳定有序;同时,整体建设中还应关注局部建设,协调好总目标与分目标之间的层次关系。

(二)整体性与差异性共存

一方面,生态文明建设为我国当前首要建设目标,全国范围内建设目标一致,统筹规划、协同发展,因此具有整体性特征;另一方面,由于地区间自然资源与经济发展水平不尽相同,造成各地区生态文明建设存在显著差异,建设侧重各不相同。在全国整体战略指导下,地方生态文明建设应兼顾差异性,汲取经验、合理规划,选取最优路径驶入生态文明建设快车道,最终实现人与自然的共生、区域间的协同发展,互利共赢。

(三)既具有阶段性特征又具有长期性特征

十九大报告指出,生态文明建设是中华民族永续发展的千年大计。显然,生态文明的社会不是一朝一夕或三年五年就能建成的,需举全国之力,长期建设、永续发展。生态文明建设的阶段性特征是指在社会主义建设不同时期,生态文明建设也具有不同的建设侧重与发展特征,百年大计需徐徐图之。

(四)注重绿色发展、循环发展、低碳发展

党的十八大报告系统论述了"大力推进生态文明建设",提出绿色发展、循环发展和低碳发展的理念,全面、深刻、系统地回答了新时代中国特色社会主义生态文明建设和当今世界生态文明建设中所面临的众多问题、努力构建人与自然和谐发展的新格局。十九大报告指出,满足人民日益增长的优美生态环境的需要必须提供更多优质的生态产品。绿色发展,既是理念又是举措,进一步为生态文明建设指明了方向、规划了路线。

第三节　中国生态文明建设的地域特征

我国区域发展不平衡由来已久,要素及要素配置的不均衡使区域发展差异体现在生态文明建设的各个领域,同时也体现在生态经济系统的各子系统间。

一、从绿色指数看生态文明建设的地域性特征

2017年我国发布了2016年生态文明建设年度评价结果公报,将2016年我国31个省、自治区、直辖市(不含港澳台)的生态文明建设年度成果进行打分并排序,考核内容既强调绿色发展,又关注资源、生态、环境、生产与生活等诸方面。评价结果见附表1、附表2。对于各地区来说,通过绿色发展指数及六个分维度指数的比较,能够发现绿色发展切实需要改变或者有待改善的着力点。横向比较研究可以发现各地区绿色发展的进展与困境,为决策者评价各项绿色发展政策效果提供参考依据。绿色指数评价结果一定程度上体现了我国生态文明建设的地区差异性特征。

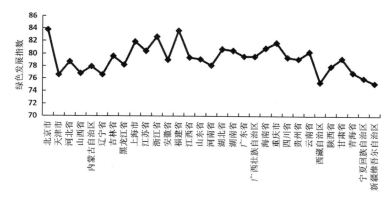

图2-1 2016年31个省、直辖市绿色发展指数评价结果

如图2-1所示,全国东、中、西部存在明显的差异,东部地区生态文明建设水平优于中部地区,中部地区生态文明建设水平优于西部地区。

由表2-1亦可知,除环境质量指数与生态保护指数外,西部地区在绿色指数总体评价与分维度评价中均处于落后位置。其中,甘、青、宁三省区仅在环境质量指数上表现出一定的优势。从年度生态文明建设评价排序结果也可以看出差异性特征。

由附表1可知,在绿色发展指数的排序中,排名靠前的分别为北京市、福建省、浙江省、上海市及重庆市,而排名最后的为宁夏回族自治区、西藏自治区、新疆维吾尔自治区,均为西部自治区。

具体从构成绿色发展指数的六项分维度指数结果来看,福建省、江苏省资源利

用指数排名较靠前;北京市、河北省、上海市、浙江省、山东省的环境治理指数排名较靠前;海南省、西藏自治区、福建省、广西壮族自治区、云南省的环境质量指数排名较靠前;重庆市、云南省、四川省、西藏自治区、福建省的生态保护指数排名较靠前;北京市、上海市、浙江省、江苏省、天津市的增长质量指数排名较靠前;北京市、上海市、江苏省、山西省、浙江省的绿色生活指数排名较靠前。公众满意程度排名前5位的地区分别为西藏自治区、贵州省、海南省、福建省、重庆市。其中在西部省份中,新疆维吾尔自治区、内蒙古自治区、青海省等地区的各指数排名都出现在后几位。生态文明建设呈现显著的地域差异。

表2-1 2016年我国分地区绿色发展指数评价比较

地 区	绿色发展指数	分维度发展指数						公众满意程度/%
		资源利用指数	环境治理指数	环境质量指数	生态保护指数	增长质量指数	绿色生活指数	
东部	80.10	84.18	82.52	83.76	70.02	78.26	74.99	76.66
中部	79.06	83.11	80.02	84.10	71.73	73.86	72.19	78.59
西部	78.22	82.51	73.97	87.75	72.74	71.23	68.99	83.40
甘、青、宁三省区	77.37	83.81	72.46	87.06	68.54	69.93	68.63	83.57

二、西部生态脆弱区生态文明建设中存在的问题

甘、青、宁三省区作为中国西部生态脆弱代表性地区,其社会经济发展水平偏低、生态区位特征鲜明,导致其在当前生态文明建设中面临一些西部特有的问题,需协调解决。

第一,区域生态环境脆弱,肩负生态屏障功能。

甘、青、宁三省区地处黄河上游,区位特征表现为经济欠发达、自然资源禀赋低、生态系统复杂。由于深居内陆,荒漠广布,自然环境恶劣、地势地貌复杂等原因,加之早期经济建设以资源消耗的粗放型模式为主,使甘、青、宁三省区生态环境始终处于脆弱位置。因此,生态修复任务十分艰巨[58-59]。甘、青、宁三省区范围内的生态屏障区,例如,青藏高原生态屏障、黄土高原—川滇生态屏障以及北方防沙带是我国生

态屏障的重要组成部分,尤为重要。

第二,经济发展水平偏低,产业结构升级缓慢。

甘、青、宁三省区经济发展水平在全国始终处于落后位置,区域经济发展具有差异性与不平衡性。表现为东中部发展不平衡,区域内部发展不均衡,城乡发展差异显著。甘、青、宁三省区主导产业依然是传统产业,第三产业比重偏低,新型科技产业、绿色产业尚处于开发探索阶段。新中国成立以来,甘、青、宁三省区经济发展均经历了"重发展轻污染"和"先污染后治理"的建设期,由于发展理念与发展模式的惯性作用,甘、青、宁三省区产业结构调整步伐缓慢,由资源密集型产业向劳动密集型、知识密集型产业转移的途径相对欠缺,生态产业培育、开发手段不够充分,对优势生态资源的利用、转化能力还有待提高。

第三,生态文明建设需面对相对贫困问题、聚焦乡村振兴问题。

我国在"十三五"规划(2016年3月)中明确提出到2020年农村贫困人口实现脱贫,贫困县全部摘帽,解决区域性整体贫困。2020年实现全面脱贫后,区域相对贫困问题依然会存在,"弱有所扶"将是一项长期性工作,而乡村振兴工作正是巩固脱贫攻坚成果、实现共同富裕的必经之路。西部生态脆弱区需结合区域生态经济系统特征,规划符合生态文明观的乡村振兴战略与举措,这是甘、青、宁三省区生态文明建设过程中需面对的问题。

第四,经济发展与生态保育之间的平衡是一个难点问题。

发展是硬道理,经济落后的西部发展更是首要任务,甘、青、宁三省区需直面经济发展与生态保育之间的矛盾,直面传统发展方式带来的资源环境约束趋紧、生态环境风险凸显问题,需在绿色发展观指导下,积极寻求经济发展与生态保育之间的平衡点,以提高生态经济效率,实现区域协调可持续发展。

第五,生态城镇化建设的协调有序化问题。

城镇化是人类社会发展的客观趋势。甘、青、宁三省区城市化水平低于全国平均水平,发展空间大但发展基础薄弱,快速的城镇化发展使其生态经济系统面临新的压力和挑战,表现为:城市发育明显不足,城市群发展借力有限;城市群发展的产业重叠度高,生态经济系统各子系统之间运行协调性不足,系统间竞争大于合作,施压大于互补。如何在生态文明建设框架下实现城镇的新型可持续发展、实现经济增长与生态环境之间的协调有序发展,已成为当前甘、青、宁三省区生态文明建设亟须解决的问题。

第六,民生改善进度相对缓慢。

经济社会发展的根本目的是增进民生福祉、保障和改善民生。相对于东、中部地区,位于西部的甘、青、宁三省区民生改善进度相对缓慢,城乡区域发展和收入分配差距依然较大。基础设施建设及基本公共服务体系亟待健全,关乎民生的就业、教育、医疗、居住、养老等方面均存在基本公共服务均等化不足、供给不充分问题。

第七,民众生态保护观念淡薄、生态文明理念落后。

公民生态文明意识培育是生态文明建设的一个主要方面,只有每个公民都意识到生态文明建设的必要性和紧迫性,意识到自然资源的不可替代性,才能产生实践生态文明的有效行动,民众的全方位投入是真正实现生态文明社会的基础。西部生态脆弱区经济发展落后、教育水平整体偏低,当前民众生态文明意识尚不充分,对生态文明理念的认识不足。和东部地区比较,西部地区民众对政府举措的了解、理解能力尚不到位,生态保护行动的主动性与自发性尚需激发,生态文明理念的普及还看待进一步提高。

第三章

西部生态脆弱区生态文明建设测度体系的构建

本章在结合区位特征及甘、青、宁三省区生态文明建设中面临的主要问题的基础上,以生态经济学理论为指导,构建生态文明建设统计测度体系。其中,测度内容界定及测度指标体系的构建,侧重体现甘、青、宁三省区区位特征:经济欠发达区、生态脆弱区、生态屏障区。为避免生态文明建设定量分析结果的单一经济或生态倾向性,测度支撑理论与测度指标、测度方法的选取均立足于生态经济系统。

第一节 测度体系构建思路

一、测度基本流程

生态文明建设统计测度体系的构建是生态文明建设的一个环节,为生态文明建设提供量化管理或决策依据。图3-1给出了生态文明建设统计测度体系构建的一般流程。

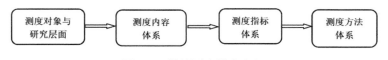

图3-1 统计测度基本流程

第一步,确定测度对象及研究层面。

生态文明建设的根本追求是"人与自然和谐共生",生态文明建设的一切活动需立足于生态经济系统而非社会经济系统,因此,生态文明建设的测度对象为生态经济系统。生态经济系统由生态环境系统与社会经济系统两大子系统构成,而生态环境系统又可进一步分为生态系统与环境系统,社会经济系统可进一步分为经济系统与社会系统,构成系统的基本要素为人口、环境、资源及科技。因此,若视生态经济系统为要素集合,则统计测度对象为其全集或分层子集。

研究层面,简单来说,是指统计指标的测算范围。例如,根据指标测算的空间范围,可分为宏观层面、中观层面及微观层面的研究;若进一步按行政区划测算指标并展开研究,则可分为国家层面、省域层面、市域层面、县域层面等。

第二步,构建测度内容体系。

生态文明建设的三个基本问题为"为什么建设生态文明""建设什么样的生态文明""怎样建设生态文明"。相应地,统计测度内容体系的构建也应围绕这三个问题展开,定量测度生态文明建设实践对上述目标的完成程度、问题的解决方式、解决能力等,从中总结量的规律性或发现问题。从生态经济学角度来看,上述问题也是生态经济系统如何运行及系统内要素的有效配置问题。因此,总体来说,生态文明建设测度内容主要是系统运行、系统内要素结构及配置问题。

第三步,构建测度指标体系。

生态经济系统是一个复合系统,生态文明建设也是一个大型系统工程,对建设过程中任一方面或任一问题的统计测度很难由某一个或某几个量化指标完成,需构建满足测度需要的综合指标体系。指标体系构建的优劣,直接影响后续统计分析的有效性与充分性。根据测度内容、测度重点、测度对象及研究层面,构建合理指标体系是这一环节的重点,也是整个统计测度的重点环节。

第四步,选取并确定测度方法。

统计学作为一门方法论学科,其量化分析方法可应用于各类实质性学科领域,生态文明建设作为一个系统工程,其建设行为跨越多个学科领域;生态经济系统的要素特征也决定其量化分析方法具有生态学、社会学、环境学、经济学、地理学等多学科特色。对于同一个问题,不同方法有自身的切入角度,不同方法的适用条件及有效领域也各有差异。为保证测度结果的可靠性与稳健性,根据测度目的及测度指标的特征,选择合理的测度方法是这一环节的主要任务。

二、测度基本原则

我国生态文明建设具有整体性与差异性、阶段性与长期性、和谐性与可持续性三大特征,在统计测度的内容、指标、方法方面均应体现特征差异。考虑到我国生态经济系统的空间差异性特征鲜明,而西部地区生态文明建设中又存在其特有的生态及经济问题,因此,西部生态脆弱区生态文明建设的统计测度既要体现共性,又要量化差异性,构建时应遵循以下基本原则。

第一,围绕国家生态文明建设的主要任务展开测度。

我国生态文明建设已步入快车道,当前的工作主要围绕以下几个方面展开[①]:

首先,大力推进绿色发展。就是从空间布局、生产方式、产业化结构、生活方式等方面,实现经济社会发展与生态环境保护协同共进。其次,着力解决突出环境问题,加强污染防治,争取神州大地"天更蓝、山更绿、水更清"。再次,加大生态保护与修复力度,提升生态系统质量和稳定性,这是人类永续发展的基本支撑,也是当前建设生态安全体系的必然要求。最后,改革及完善生态环境监管体制,构建生态环境保护社会行动体系。

显然,生态文明建设统计测度体系的构建是生态环境监管体制的组成部分。不谋全局者,不足谋一城,生态脆弱区生态文明建设统计测度应着眼全国发展大局,围绕当前生态文明建设的主要任务,从绿色发展、环境治理、生态保育、生态文明观普及等方面展开测度与评价。

第二,满足西部生态脆弱区生态文明建设统计测度的需求。

所谓"隔道不下雨、百里不同风",地域差异成为生态文明建设必须面对并积极应对的挑战。因地制宜、科学规划的前提是合理度量发展差异,因此,需立足区域发展功能定位以及生态文明建设的阶段性特征,构建具有针对性及侧重点的生态脆弱区生态文明建设统计测度体系。

第三,立足生态经济系统。

虽然生态文明建设统计测度属于跨学科研究,但当前评价体系往往具有经济偏向性,价值度量大于自然存量度量,重视"经纪人"与经济规律的作用而忽视生态系统的基础性、决定性作用。立足生态经济系统,就是要在关注生态供求变化的同时,关注经济发展水平;在关注生活质量的同时关注环境质量,价值量与实物量相结合,以科学、公平度量生态文明建设。

---

①全国干部培训教材编审指导委员会.推进生态文明　建设美丽中国[M].北京:北京人民出版社,2019.

三、统计测度框架的建立

（一）测度期望目标

综合前文分析,可总结西部生态脆弱区生态文明建设统计测度的五大目标:

第一,了解研究区域生态经济系统运行特征及规律;

第二,监控研究区域生态安全状况,预警生态安全风险;

第三,评价研究区域生态文明建设水平;

第四,量化分析研究区域生态经济系统内在耦合关系,测度运行协调性;

第五,度量研究区域生态文明理念普及程度。

（二）统计测度框架

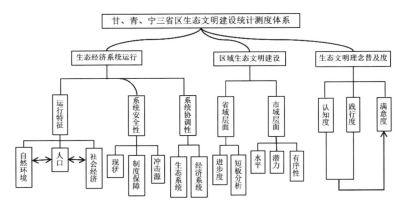

图3-2　生态脆弱区生态文明建设统计测度框架

根据上述测度原则与测度目标,结合生态脆弱区生态文明建设特征,本书构建了生态脆弱区生态文明建设统计测度框架,如图3-2所示。

第二节　西部生态脆弱区生态文明建设测度体系

如前所述,生态文明建设既具有整体性又具有差异性,不同地区生态文明建设应各有侧重,对区域生态文明建设进程的统计测度也应体现共性与差异性特征。

一、生态经济系统运行特征测度

与古典经济学不同,生态经济学强调人类生产实践活动的载体与对象是生态经济系统而非单一经济系统,对社会发展的考量不唯价值。"人与自然和谐共生"是生态文明的基本发展理念。所谓"知己知彼,百战不殆",解决生态文明建设中的各类问题应首先了解区域生态经济系统运行特征。

(一)测度内容

生态经济系统运行特征的统计测度旨在量化反映区域生态经济系统运行现状与结构、特征与问题。由于生态经济系统是一个复杂系统,统计测度的内容也具有复杂性及多学科兼具性。从系统构成来看,由于生态经济系统主要由生态子系统与经济子系统构成,而人类活动是生态经济系统运行的主要介质,因此,生态经济系统运行特征的测度可以子系统运行及人口特征为切入点;从系统运行的驱动力来看,国家及各级政府是行为主体,是经济建设、政治建设、文化建设、社会建设、生态文明建设的组织者与驱动方,行为主体的生态文明建设侧重点及成果也应是系统运行现状与特征的主要测度内容。由以上分析,并结合甘、青、宁三省区生态文明建设中的问题与关注点,本书给出了生态经济系统运行特征统计测度的基本框架,如图3-3所示。

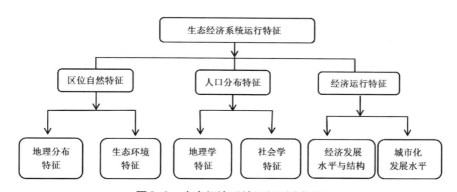

图3-3　生态经济系统运行测度框架

(二)测度指标与方法

生态经济系统运行特征的统计一般使用描述统计方法,各子系统状态描述的指标相对成熟,可结合区域特征选取相关指标,借助统计图表与统计量展开分析。数据采集宜静态数据与动态数据相结合,可分层次揭示省域、市域、县域系统运行特征并综合归纳。分析方法可采用静态分析、比较静态分析、动态分析、比较动态分析等。

二、区域生态安全性评估

(一)测度内容

生态安全评估的主要目的,为动态监控区域内生态经济系统运行的平稳性及可控性。由于生态脆弱区生态环境具有脆弱性和易变性的特点,因此,构建合理的区域生态安全评估体系,对于及时定量反馈生态脆弱区生态运行安全具有重要现实意义。

生态安全有广义和狭义两种定义,广义的生态安全包括自然生态安全、经济生态安全和社会生态安全,从度量角度,更倾向于分析整个生态经济系统运行的可持续性;狭义生态安全包括自然和半自然系统的安全,着重指生态系统的安全性,偏重测度生态经济系统是否在一个安全的生态阈值内平稳发展。从研究的层次角度来看,广义的生态安全生态子系统与环境子系统是平等关系,而狭义的生态安全二者之间存在条件关系。

当前国家生态安全建设与防护的主体生态系统,对于生态环境脆弱的甘、青、宁三省区而言,其生态安全主要指的是生态系统的安全性。因此,本书所测度的生态安全立足于狭义生态安全的界定。总体来说,甘、青、宁三省区生态安全的测度内容包含以下几方面内容:

第一,生态安全现状与特征评估。主要包括区域生态容量的测度、人类活动对环境的压力测度、环境承载能力测度及生态安全阈值确定等问题。

第二,生态安全动态监控及预警体系的构建。只要人类在发展,对自然的索取就不会停止,区域生态承载能力随着人类生产活动而改变,往往呈现量变到质变的转化特征。生态安全动态监控及预警研究,能够使管理部门适时准确了解经济发展对生态资源的消耗情况,了解未来发展的潜在风险,为相关部门科学规划发展路径,合理把握经济发展的"度"的问题提供量化决策依据。

第三,生态安全影响因素分析。生态安全是区域可持续发展的基本保障,只有在生态安全阈值内的发展才是安全的、文明的、可持续的。定量分析区域经济发展对生态环境的冲击作用,可评价现有经济结构与发展模式的合理性,寻找不合理因素,可为经济结构调整及优化提供量化分析依据。

第四,生态安全保障量化研究问题。在生态约束条件下发展经济,需制定生态安全保障措施,生态保护区规划、生态红线的划定即属于生态安全保障问题。生态安全保障的量化是系统工程而不简单是一个统计测度问题,是涵盖生态学、环境学、地理计量学、统计学等的多学科复杂问题,一般由相关管理部门统筹规划。因此,在生态安全保障的量化研究中,生态红线的划定方法研究具有理论意义,而生态红线划定情况与执行情况分析更具有现实意义。

(二)一般方法

立足广义生态安全,现有生态安全测度方法主要倾向于综合评价方法,常见方法主要有层次分析法、模糊综合评判法、主成分分析法、人工神经网络法、物元分析法、灰色关联法等;立足狭义生态安全,生态安全评价对象主要为生态系统,评价方法主要立足生态学领域或地理、环境科学领域。其中,生态足迹方法是量化生态供求相对成熟的方法,该方法认可度高、理论支撑充分、结果可比性强、指标值直观有效、静态动态分析皆宜,在生态安全评估方法中有一定的优越性。

考虑到生态脆弱区生态安全测度的主要目的不是评价而是防范风险,因此宜选取能直观有效量化生态系统压力和支撑力的方法。

三、生态文明建设评价

生态文明建设评价属于多变量综合评价,其目的是通过对生态经济系统各子系统的数量表现进行高度抽象综合,得到以定量形式(一般表现为评价得分)确定的所研究区域生态文明建设综合优劣水平,根据评价得分对全部评价单元进行排序,比较各评价单元在评价期生态文明建设的综合水平。

生态文明建设评价是生态文明统计测度的主要内容,也是当前研究成果最为丰富的领域。甘、青、宁三省区应结合自身区位特征及当前生态文明建设侧重点及建设中存在的问题,构建有针对性并体现差异性的评价体系。

生态文明建设评价是要通过定量方法综合测度区域生态文明建设水平,但由于评价数据性质不同、评价对象不同,评价内容也各有侧重。

第一,按照评价反映的时间特征,生态文明建设评价包含静态评价与动态评价两方面内容。其中,静态评价侧重体现生态文明建设的当期水平,而动态评价则注重反映生态文明建设过程中的变化特征。当前生态文明建设评价主要偏向于静态评价。

第二,对评价对象进行不同层面的评价。这种不同层面可以体现在不同地域、不同行业、不同建设领域等。

根据本书研究内容,结合时间特征与评价对象特征,生态脆弱区生态文明建设评价主要包含省域层面的生态文明进步程度评价;市域层面的生态文明建设水平与发展潜力评价、市域层面的城市生态文明建设有序性评价及市域层面的生态经济系统运行的协调性评价。

(一)评价内容

总体来说,生态文明建设评价包含两方面的评价内容,其一是对行为人的评价,其二是对生态经济系统运行的评价。

对行为人的评价即对区域生态文明建设成效进行评价。对区域生态文明建设的评价可以从省域、市域及县域等不同层面展开。理论上,研究层面越宽泛,则测度指标越具有一般性,评价对象的共性越弱、差异性越大;而研究层面越微观,则测度指标越具体,评价对象的共性越强、差异性越小,从而发展模式的规范性越强。

本书将测度层面界定为省域层面与市域层面。其中,省域层面的评价有利于区位特征及功能类似的省域间进行生态文明建设的时空静动态比较,更有利于宏观把控,以统筹规划生态文明建设路径。市域层面的评估指标构建相对具体,侧重对区域内部发展水平与发展态势的科学度量与全面监控,重心在于寻求区域生态文明建设度量的规律性、发现生态文明建设过程中的问题。

生态文明强调的绿色发展观是尊重环境承载能力的发展,是坚持人与自然和谐共生的发展。换句话说,就是追求生态经济系统协调可持续的发展。因此,对生态文明建设实效评估的一个主要内容就是生态经济系统运行的有序协调性。由于市域层面的生态文明建设兼具规范性与弹性,因此,本书将生态经济系统运行协调性的测度与评价亦界定为市域层面。

1.生态文明进步程度评价

生态文明进步程度的评价层面为省域层面,以不同省份为评价单元,即以甘、青、宁三省区为评价对象,定量测度其在生态文明建设各领域的建设成效。

考虑到甘、青、宁三省区在发展中存在的特有问题,应将民生改善及城市发展均纳入生态文明建设领域,在保持"绿色发展"的前提下,统筹规划,均衡前进。因此,对生态脆弱区生态文明建设成效的测度应结合其发展侧重进行动态评价,关注其生态文明建设进步程度,关注评价对象自身的发展变化,在此基础上,具有共性的省份,可进行比较静态分析,肯定进步、发现短板,为实现稳步可持续发展提供定量依据。

2.生态文明建设水平与发展潜力评价

生态文明建设水平与发展潜力的评价层面为市域层面,即立足各省份,结合本省区生态文明建设功能与特色,构建具有针对性的指标体系,以各市州为评价单元,测度并量化地方生态文明建设进程与实效。市域层面的生态文明建设评价既包含静态评价又包含动态评价,既关注建设水平,又关注发展的可持续性。

3.区域生态文明建设的有序性评价

由于市域生态文明建设的共性特征较强,在发展过程中不可避免地会面对城市间竞争及发展的有序性问题。如何合理度量城市竞争合作的有序性,以有效配置资源、实现城市间优势互补,是市域生态文明建设统计测度的难点。

4.生态经济子系统运行协调性评价

保护生态环境和发展社会经济从根本上讲是有机统一、相辅相成的,二者之间的协调性评价是生态文明建设统计测度的主要任务。协调主要体现在两个方面,即子系统发展质量与系统间运行的均衡性。因此,协调性的评价以区域发展水平定位为前提,是在生态文明建设水平与发展潜力评价基础上展开的进一步的目标追求。也因此,协调性评价应静态、动态结合,综合测度。

(二)评价指标体系构建要点

第一,省域视角下评价侧重纵向可比性,指标选取弱化水平值,侧重度量增长能力,关注进步程度;子系统划分或分维度界定应依据国家生态文明建设的主要任务,使评价结果能直接反映区域生态文明建设各项任务进展程度。

第二,市域视角评价为立体评价体系,指标构建应注重横向可比性,维度分解应结合地域建设特征,各维度指标应兼顾水平与结构;指标体系的构建应立足生态经济系统,兼顾价值量指标与实物量指标。

(三)评价方法选取要点

第一,根据评价对象的不同选取不同的评价方法。

生态文明建设评价应首先明确评价对象,明确是对系统运行的评价还是对区域发展能力的评价,进而明确评价目标,在此基础上选取评价方法。虽然当前综合评价方法多样,但现有方法使用局限性较强,应多方权衡后选取合适的评价方法。

第二,对生态文明建设的评价应动态、静态相结合,全面定位。

当前生态文明建设主流评价方法的一个共同特征,是在某一时点上对生态经济系统的协调性与可持续发展状况进行综合评价,因此属于静态评价范畴,其目的是在某一具体的横截面上,横向比较不同区域之间可持续发展的程度与差异。生态经济系统的协调性发展从概念本身来看,强调的是动态协调有序性和时间前后发展的关联性,因此,对于区域生态文明建设的统计测度,从动态角度监控与评价发展的协调性和可持续性,更为重要。

四、生态文明理念普及度测评

(一)测评内容

生态文明理念普及度测评是生态文明建设统计测度的一个主要内容。生态文明建设关系各行各业、千家万户,公民生态文明理念的深入、生态文明观的形成均是生态文明建设的重要内容。

公民生态文明理念反映公民所拥有的生态文明观,体现了其对生态经济系统运行的基本态度。生态文明理念普及度的测评主要度量生态文明建设在意识领域的建设成效。

公民生态文明理念普及度的测评主要从三个方面展开:公民生态文明理念的认知度、践行度及满意度。这三方面内容体现了生态文明理念普及的渐进特性,即首先测度生态文明主体意识,进而测度生态文明参与行为,最后测度生态文明评价能力。生态文明认知度是践行度的基础,而一定的认知度与践行度又是客观评价区域生态文明建设水平的前提。

(二)测评体系构建

1.评价对象的选取

理论上,生态文明理念普及度测评对象为全体有行为能力的公民。然而,我们的前期问卷调查得到结论:囿于西部相对落后的教育文化水平及落后的发展观念,西部居民对生态文明的认知度整体偏低、环境保护践行力相对较弱,进而导致对政府生态文明建设的满意度评价感性大于理性,评价结果的代表性与稳健性均不充分。为解决这一问题,经两轮调查分析,确定调查对象为甘肃省兰州市区高校在校大学生。一方面大学生群体是生态文明教育的受益者,他们对生态文明理念的认知度高、对生态文明建设参与度高,因此他们的理念及行为具有一定的辐射影响力;另一方面,具有较高文化素养的大学生群体普遍关注国家发展,了解国家生态文明建设的战略规划,对政府生态文明建设既具有评价热情又具有评价能力。因此,本书生态文明理念普及度的测评对象为大学生群体。

2.评价方式的确立

公民生态文明理念普及度的测评主要通过抽样调查实现。其中,生态文明认知度与践行度由调查问卷各问题条目反馈,而满意度评价则通过编制满意度量表进行测度。问卷分析与量表分析研究侧重各有不同,但研究方法均已成熟,因此,在构建合适的问卷及量表后,可借助统计调查方法与量表分析方法展开测评。

第三节　相关理论基础

一、统计指数理论

统计指数,是在研究社会经济现象数量关系,分析社会经济现象在不同时间、空间、条件下的数量变动情况,测定有关因素影响的方向、程度而发展起来的。随着经济社会的发展,统计指数的应用也越来越广泛[60]。

统计指数主要分为两大类,即广义统计指数和狭义统计指数。其中,广义统计指数泛指所有研究社会经济现象数量变动的相对数,是用来表明现象在不同时间、不同空间、不同总体等相对变动情况的统计指标。例如,动态相对数、比较相对数、计划完成程度相对数等。在现实中,人们总希望能借助一定的统计指标来反映现象发展变化的方向及其达到的程度,以便能对现象的发展变化进行客观的比较、定位和认识,上述各种指数虽然难易繁简程度不同,但都能在一定程度上反映现象发展变化的方向和所达到的相对程度。狭义指数是一种特殊的相对数,仅指反映不能直接相加的复杂社会经济现象在数量上综合变动情况的相对数。狭义指数是广义指数中的特殊部分,社会经济统计学中的指数大部分是狭义指数的概念,旨在研究复杂总体综合变动情况。

二、生态安全理论

(一)生态安全的概念

生态安全最早由莱斯特·R.布朗提出[61]。广义上生态安全包括自然生态安全、经济生态安全和社会生态安全;狭义生态安全包括自然和半自然系统的安全。

生态安全是维护某一地区或某一国家乃至全球的生态环境不受威胁的状态,能为整个生态经济系统的安全和可持续发展提供生态保障。其具体含义可以扩展为保持生态子系统中的各种自然资源和生态系统服务的合理使用和积极补偿,避免因自然资源衰竭、资源生产能力下降、生态环境污染和退化给社会生活和生产造成短期和长期不利影响,甚至危及区域或国家的政治、经济和军事安全。也就是说,生态安全是区域或国家其他安全的载体和基础[62]。

(二)生态安全的特点

区域可持续发展基础根植于区域生态安全,它具有如下的特点:

1.整体性

整个生态经济系统各成分和各要素的相互关联性使得其内部任一成分或要素的变化都会导致生态安全状态的改变。这也从某一方面反映了生态安全具有一定的动态变化性。各个区域生态经济系统在组分和功能上具有差异性,这造成不同研究区域生态安全的评价内容具有一定的区域差异性。生态经济系统具有大到全球小到立地生境的层次之分,所以生态安全也具有一定的层次之分,低层次的生态安全是高层次生态安全的基础,高层次生态安全是低层次生态安全的有机组合。

2.基础性

生态安全是整个安全体系的载体,是区域发展的基石,一旦生态安全受损,区域其他安全将无从谈起。

区域生态安全格局是实现区域可持续发展、促进生态系统与社会经济系统协调发展的基础保障。在经济快速发展地区,构建生态安全格局的目标首先是保护生态系统的稳定性,同时,通过水平方向的有机链接,为经济的快速增长提供生态保障与环境支撑[63]。

三、生态保护红线理论

"生态保护红线"顾名思义指生态安全保护的底线,是我国在生态环境保护领域的一项制度创新。当前它已经上升为国家战略,体现了国家以强制性法律手段严格实施生态保护政策的导向,更进一步体现了我国生态文明建设的重要举措。

划定生态保护红线是生态保护的基础环节,在生态保护中起着龙头和总体规划作用。同时,它也是遏制生态环境退化的客观需求,是维系生态环境与人类活动的和谐关系的需要。划定生态保护红线是维护国家生态安全的基本前提和首要保证。在划定生态保护红线基础上,维护好生态安全才能谈资源环境与人类活动的平衡和保护生物多样性等。因此,理顺保护和发展的关系极其必要。划定生态保护红线可以增强经济可持续发展能力,在此基础上,引导人口合理分布、经济的协调发展、能源资源的合理开发和可持续利用等,改变生态环境超负荷运转状态,实现经济发展与环境承载能力相适应,达到可持续发展[64]。

(一)概念界定

生态保护红线作为一个新事物,国际上没有现成的理论、方法、经验直接借鉴,国内基本上还处于探索阶段。国外生态环境研究主要集中在生态保护区、生态用地和生态基础设施建设等方面,目前广泛采用建立保护地系统的方法划定生态保护区域。最早提出生态保护的国家是美国,美国在1872年设立了第一个国家公园,开创了生态环境保护和文物保护的先河[65]。我国传统的生态环境保护主要保护区域生物多样性及自然遗迹和文化遗产的完整性,而生态保护红线与传统的生态保护存在巨大的差异性,划定内容是重要生态功能区、生态敏感区以及禁止开发区等。除了传统生态环境保护内容以外,其他生态功能评价指标也是生态保护红线划定过程中需要考虑的因素。从影响因素与包含范围上讲,生态保护红线内涵相对更广,具体来说,生态保护红线可划分为生态功能红线、环境质量红线、资源利用红线[66]。另外,评价因子除了取决于其自身生态属性外,还取决于它所在景观或者区域中的空间位置及其在维护景观或者区域安全格局中的作用等[67]。

"红线"即不能触碰的底线或不能逾越的边界线。2008年在全国土地规划中,首次规定了耕地数量不得少于18亿亩这一数量,即耕地红线。通过占补平衡这一政策来保证耕地的数量,确保耕地底线不被击破[68]。随着耕地红线实施的效果逐渐显著,生态保护红线由最初的数量控制线,发展为数量空间及制度的控制线,在深圳及珠江三角洲等地区率先提出将红线划分应用在特定的生态空间,使红线拓展到空间领域。《中共中央关于全面深化改革若干重大问题的决定》强化了生态保护红线的定位,将其上升为国家战略,使其向制度和管理层面延伸。2014年初环境保护部出台的《国家生态保护红线—生态功能红线划定技术指南(试行)》,明确提出由生态功能基线、环境质量安全底线和资源利用上线三方面共同构成生态保护红线体系,全面系统阐述了生态保护红线内涵、理论、划定依据,是指导地方政府进行生态保护红线划分的重要参考依据[69]。

(二)生态保护红线的划分原则

生态保护红线的划分是生态环境保护的创新模式,体现了国家完善生态环境保护机制的决心和意志,是保障国家和区域生态安全,形成经济社会协调发展的空间格局,进一步优化人口、土地、环境、产业等要素在空间配置的重要措施[70]。在生态保护红线的划分中,应遵循三大原则[69]:保护优先,生态重要性原则;完整性、系统性原则;协调统一、兼顾发展的原则。

在重要生态功能区、生态环境敏感区、脆弱区等区域划定生态红线,控制人类活动强度,对于维护区域生态完整性和生态服务功能的可持续性,解决生态环境退化和资源枯竭问题,减轻异常自然灾害的不利影响具有重要意义。

四、生态足迹理论

(一)生态足迹指标构建原理

生态环境是一个地区可持续发展的决定性因素。自然生态系统是人类赖以生存和发展的物质基础,它不仅是社会经济活动的承载空间,同时也为一个地区的发展提供自然物质基础和废弃物消纳空间。要在资源有限的情况下实现区域可持续发展,节约资源、合理利用资源就显得尤为重要。生态足迹就是在这个基础上提出来的。它从生态供给与经济需求两个角度,对区域生态经济系统供需平衡状况进行综合评价,并以此作为衡量区域生态与经济协调程度的重要标志[71],生态足迹[72-74]的概念于20世纪90年代由加拿大环境经济学家 William 和 Wackernagel 提出。其定义为:任何已知人口的生态足迹是生产相应人口所消费的所有资源和消纳相应人口从事生产生活过程中所生产的废物所需要的生物生产性土地面积(包括陆地和水域),它代表了既定技术条件和消费水平下特定人口对环境的影响规模和持续生存对环境提出的要求。William 和 Wackernagel 提出的生态足迹,为很多学者进行区域生态环境评价提供了理论支持。徐中民[75]1998 年在甘肃省生态足迹的计算和分析中首次引入生态足迹模型,为我国测度区域发展的可持续状态提供依据。

生态足迹理论基于两个基本事实:

第一,人类可以确定自身所消费的绝大多数资源、能源以及所产生的废弃物的数量。

第二,这些资源和废弃物能够折算成生产和吸纳这些资源和废弃物的生物生产性土地面积。

运用生态足迹模型最重要的就是要分地类分析,也就是分生物生产性土地来分析,而所谓的生物生产性土地就是生态自然资本的一种代表形式,这种代替自然资本,通过生态足迹来反映的等量关系过程,具有简便、易操作、准确等特性[76]。

此外,在生态足迹的计算中,假设各类土地在功能上具有互斥性,也就是说,各种实际土地资源归属也只能归属于六类生物生产性土地中的一类,例如一块被用来修建公路的土地,已归属于建筑用地,此时它不应再有可耕地或牧草地的身份,从而保证各类生物生产性土地面积具有可加性。

(二)生态足迹与生态承载力测算方法

生态足迹指标通过引入生物生产土地面积实现了对各种自然资源的统一描述。通过引入均衡因子和产量因子进一步实现了各种生物生产土地面积的可加性,以及不同地区生态足迹和生态承载力的可比性。为研究国家或者地区的生态承载力供求现状提供了定量的研究方法[77]。

生态足迹指标的计算公式为

$$\mathrm{EF} = N \times ef = N \times \sum (r_i \cdot c_i / p_i) \tag{3-1}$$

式中,EF 为总生态足迹;ef 为人均生态足迹;N 为人口数;i 为消费商品的类型;r_i 为第 i 类消费商品所用土地的均衡因子;P_i 为第 i 类消费商品的世界平均生产能力;c_i 为第 i 类商品的人均消费量。

生态承载力指标的计算公式为

$$EC = N \times \sum_{j=1}^{6}(ec) = N \times \sum_{j=1}^{6}(a_j r_j y_j) \quad\quad （3-2）$$

式中，EC 为区域总的生态承载力；N 为人口数；ec 为人均生态承载力分量；
j 为消费商品的类型；r_j 为第 j 类消费商品所用土地的均衡因子；y_j 为产量因子。
按照惯例，区域实际生态承载力已扣除12%的生物生产性土地面积，用于生物多样
性的保护。

根据 Wackernagel 的生态足迹计算理论与方法，在生态足迹计算中，将消费项目
划分为生物资源消费和能源消费两大类。

生物资源消费足迹账户主要包括水果、农产品、林产品、动物产品等大类，各个
大类下又有更小的分类，如动物产品下有牛肉、羊肉、禽蛋等，水果产品下有苹果、香
蕉、梨、橘子等。生物资源消费账户的计算公式如下：

$$EF_i = \frac{P_i + I_i - E_i}{Y_i} \quad\quad （3-3）$$

式中，P_i 表示第 i 种生物资产的总生产量；I_i 表示第 i 种资源消费的进口量；
E_i 表示第 i 种资源消费的出口量；Y_i 为世界上第 i 种生物资源的平均产量。通过式
（3-1）、（3-2）和（3-3），可将生物资源消费转换成所需要的生产面积。

生物资源生产面积折算的具体计算中采用联合国粮农组织1993年计算的有关
全球生物资源平均产量资料(采用这一公共标准主要是为了使计算结果可以进行国
与国、地区和地区之间的比较)，如表3-1所示。

表3-1　全球生物资源平均产量　　　　　　　　　　　　　单位：GJ·hm⁻²

指标	全球平均产量	指标	全球平均产量
粮食	2744	葡萄	3500
夏粮	2744	红枣	3500
秋粮	2744	柿子	3500
谷物	2744	杏子	3500
稻谷	2744	桃子	3500
小麦	2744	油桐籽	1600
玉米	2744	核桃	3000

指标	全球平均产量	指标	全球平均产量
豆类	1856	毛栗	3000
薯类	12607	花椒	945
油料	1856	木耳	3000
油菜籽	1856	木材	1.99
棉花	1000	猪肉	74
麻类	1000	牛肉	33
甜菜	18000	羊肉	33
烟叶	1548	牛奶	502
烤烟	1548	绵羊毛	15
蔬菜	18000	山羊毛	15
水果	18000	羊绒	15
苹果	3500	禽蛋	400
梨	3500	水产品产量	29

能源消费足迹账户主要处理以下几种能源:电力、焦炭、柴油、原油、煤炭、汽油以及燃料油。在对能源足迹进行计算时,以世界上单位化石燃料生产土地面积的平均发热量为标准,将热量转换成化石燃料的土地面积。

能源平衡账户部分根据资料处理了如下几种能源:煤炭、焦炭、燃料油、原油、汽油、柴油和电力。计算足迹时将能源的消费转化为化石燃料生产土地面积。采用世界上单位化石燃料生产土地面积的平均发热量为标准,将当地能源消费所消耗的热量折算成一定的化石燃料土地面积,其中各能源指标参照1993年全球平均能源足迹与折算系数,如表3-2所示。

表3-2 1993年全球平均能源足迹与折算系数

指标	全球平均能源足迹/GJ·hm^{-2}	折算系数/GJ·t^{-1}
煤炭	55	22.934
焦炭	55	28.47

续表

指标	全球平均能源足迹/GJ·hm^{-2}	折算系数/GJ·t^{-1}
焦炉煤气	93	18.003
其他煤气	93	16.329
原油	93	41.868
汽油	93	43.124
煤油	93	43.124
柴油	93	42.705
燃料油	71	50.2
液化石油气	71	50.2
炼厂干气	71	46.055
天然气	93	38.978
热力	1000	29.344
电力	1000	11.84

由化石燃料土地、耕地、林地、草场、建筑用地和海洋（水域）六种生物生产面积组成了生态足迹的核算账户。在加和的过程中需要对每类生产面积赋予不同的权重即均衡因子。均衡因子的定义为全球该类生物生产面积的平均生态生产力除以全球所有各类生物生产面积的平均生态生产力。在传统的计算过程中,六种生物生产面积的均衡因子如表3-3所示。

表3-3 生物生产面积均衡因子表

生物生产面积类型	均衡因子
耕地	2.8
建筑用地	2.8
林地	1.1
草场	0.5
海洋	0.2
化石燃料土地	1.1

（三）生态压力指数

生态赤字与生态压力指数是由生态足迹指标进一步测算所得。

生态赤字/生态盈余指标：

$$ed = ef - ec \quad (ec < ef) \tag{3-4}$$

式中，ed 为该区域的人均生态赤字；ef 为该区域的人均生态足迹；ec 为该区域的人均生态承载力。

生态压力指数：

生态压力指数（EP）表征某区域生态经济系统生态供给侧的可持续发展状态，其值等于生态足迹与生态承载力的比值[77]，即

$$EP = \frac{EF}{EC} \tag{3-5}$$

式中，EP 为总的生态足迹；EC 为生态承载力。

压力指数越大，表明此地区生态压力越大，土地可持续发展程度越低或者说处于弱可持续发展状态；相反，压力指数越小，则表明此地区土地可持续发展程度越强。

由于 EF > 0 且 EC > 0，当 0 < EP < 1 时，EF < EC，生态资源供给大于需求，区域处于生态安全状态；当 EP = 1 时，EF = EC，生态资源供需达到平衡，区域处于生态安全临界状态；当 EP > 1 时，EF > EC，单位生态承载面积所要承受的压力大于它所能够提供的支撑能力，供需出现不平衡，生态安全受到威胁，且 EP 与 1 相差越大，生态不安全程度就越高。

五、生态位理论

（一）生态位与生态位理论

生态位是指一个种群在生态系统中，在时间空间上所占据的位置及其与相关种群之间的功能关系与作用。它表达的是每个个体或种群在种群或群落中的时空位置及功能关系。生态位又称生态龛，表示生态系统中每种生物生存所必需的生境最小阈值。内容包含区域范围和生物本身在生态系统中的功能与作用。1924 年由格林内尔（J. Gri-nell）首创，并强调其空间概念和区域上的意义[78-79]。1927 年埃尔顿（Charles Elton）对生态位的内涵进行了进一步阐述，增加了确定该种生物在其群落中机能作用和地位的内容，并主要强调该生物体对其他种的营养关系[80]。

生态位理论是生态学中重要的理论之一,它揭示在生态系统和群落中,每一个生物物种在长期的生存竞争中都拥有一个最适合自身生存的时空位置,即生态位[81]。生态位理论认为任何生物都在不断地与其他生物相互作用并不可避免地对其所生存的物理化学环境产生影响,其地位与作用也必然是在一定环境条件下与其他生物相对比较中才体现出来。随着生态位理论的扩充和城市发展研究的需要,越来越多的学者将生态位理论应用到区域发展协调性的测度研究中。

城市生态位理论借助生态位研究区域各级单元(城市)间发展的协调性,认为城市是在自然界和人类社会活动共同作用的基础上形成的,其发展也同自然界当中的物种一样进化而来,因此城市生态位也同自然界当中的物种一样,具有一定的共性和特征,也同样受到自然法则和其自身运行规律的双重影响。因此,城市生态位研究的核心是将城市视为自然种群,借助生态位理论,研究不同城市在特定生态经济系统运行发展过程中所形成的相对地位与作用。

（二）生态位态势理论

生态位态势理论是重要的生态位理论之一,论述生物单元生态位的测定方法和生物单元态和势的变化规律,以及生物单元生态位扩充的内在机制和动力,是认识自然环境中不同生物单元的地位与作用及生态系统演化动力的重要工具之一。

生态位包含两个方面:一是生物单元的状态(能量、生物量、个体数量、资源占有量、适应能力、智能水平);二是生物单元对环境的现实影响力或支配力。前者可视为生物单元的态,后者可视为生物单元的势,这两个方面的综合体现了特定生物单元在生态系统中的相对地位与作用[82]。任何一个城市同时具有态和势的属性。测算城市生态位,不仅要测算城市的"态",即城市的状态——城市过去成长与环境相互作用的积累结果,还要测算城市的"势",即城市对环境的影响力和支配力。衡量城市"态"的指标包括区域面积、人口数量、经济发展水平、科技水平、资源拥有量、资源消耗量、环境状况以及社会文明程度等;衡量城市"势"的指标则包括人口增长率、经济增长率、资源消耗率、对环境质量的影响等。不论基于宏观还是微观视角,所研究区域的地位与作用都是其态和势的综合,是人口与资源状况、经济实力、对自然和社会环境的影响力的综合。因此,城市生态位能更好地体现城市生存与发展的统一、静态与动态的统一,能够较好地表征城市之间的资源竞争关系。

第四节　测度方法选取与介绍

本书运用相关测度方法对西部生态脆弱区生态文明建设统计进行测度研究,在生态文明评价指标体系中,为构建综合评价指数,运用主观赋权法(德尔菲法)确定各子系统权重;运用熵值法确定各指标权重,从而确定该指标在指标体系中的贡献度,也可以根据贡献度,对影响生态文明建设的因素进行排序;对于在省域视角下甘、青、宁三省区变量的内在耦合关系研究中,运用VAR模型,可以探究甘、青、宁三省区生态经济系统运行健康性特征,测度产业结构对甘、青、宁三省区生态安全现状的影响,为甘、青、宁三省区有效减小生态足迹,提高生态承载力提供理论依据;在生态文明建设水平与潜力评价中,以甘肃省为例,运用生态位态势模型测度城市综合生态位,进一步得到甘肃省各市州在甘肃省城市等级中所处的位置,为定量描述区域生态文明建设水平提供理论支撑;选用生态位重叠度指数和生态位重叠度指数矩阵对甘肃省各市州竞争合作关系进行研究,明确各市州在城市竞争系统中所处的竞争等级,为协调各城市发展、找准城市定位,避免城市恶性竞争的研究寻求量化依据。生态经济运行的协调性研究则借助种群竞争理论,选用Lotka-Volterra模型定量分析各子系统之间的协调性及各地区发展的关联性。

一、指标权重赋权法

在综合评价研究中,指标体系的核心问题是确定指标的权重系数,指标权重的确定方法有很多,主要分为两类:主观赋权法和客观赋权法。主观赋权法又主要分为两种方法——德尔菲法和层次分析法。主观赋权法更多取决于研究者的经验。客观赋权法主要分为熵值法、变异系数法以及主成分分析法等,其基本原理是对数据采用数理统计的方法来计算权重。以我国生态文明建设基本原则为指导,考虑到生态经济系统运行特征,本书在构建评价指数时综合使用了主观赋权法与客观赋权法。

(一)德尔菲法

德尔菲法依据系统的程序,采用匿名发表意见的方式,即专家之间不得互相讨论,不发生横向联系,只能与调查人员联系,通过多轮次调查专家对问卷所提问题的看法,经过反复征询、归纳、修改,最后汇总成专家基本一致的看法,作为预测的结果。这种方法具有广泛的代表性,较为可靠。

本书采用德尔菲法进行指标选取。将经过讨论确定的专家咨询表通过电子邮件发给专家,请专家进行评分。按照指标保留和删除标准形成第二轮专家咨询表。经多轮咨询后,确定最终的指标内容[83]。

(二)熵值法

熵值法是一种相对成熟的客观赋权方法。熵是一个热力学名词,在信息论中,又被称为平均信息量,它是衡量系统不确定性的一种方法[84]。熵是对不确定性的一种度量。信息量越大,不确定性越小,熵也就越小;信息量越小,不确定性越大,熵也就越大。熵值赋权法通过分析各个指标之间的关联程度及各指标所提供的信息量来确定指标的权重,熵值法的优点在于能深刻反映评价指标信息熵值的效用价值;同时,所获得的指标权重在很大程度上避免了主观因素所带来的误差。因此,本书采用熵值法来对各个指标进行加权。

熵值赋权法的具体操作步骤如下:

首先,计算第 i 个省区第 j 项指标值的比重:

$$y_{ij} = \frac{x_{ij}}{\sum_{i=1}^{m} x_{ij}} \tag{3-6}$$

其次,计算指标的信息熵:

$$e_j = -k \sum_{i=1}^{m} (y_{ij} \times \ln y_{ij}) \tag{3-7}$$

再次,计算信息熵冗余度:

$$d_j = 1 - e_j \tag{3-8}$$

最后,计算指标权重:

$$w_j = d_j / \sum_{j=1}^{n} d_j \tag{3-9}$$

式中, y_{ij} 为第 i 个省区第 j 项指标值的比重; x_{ij} 表示第 i 个省区第 j 项标准化后的评价指标的数值; e_j 为指标的信息熵, $k = 1/\ln m$,其中 m 为省区数; d_j 为信息熵冗余度; n 为指标数。

二、VAR模型

学者西姆斯于1980年最早将向量自回归模型(VAR)引入到经济学中[85-88],并且成为计量经济学中比较常用的经典模型。该模型最初用于测量股票交易的风险,但随着模型的不断丰富与推广,在其他领域中的应用也不断增多,并且不断得到计量经济学界的认可。VAR模型常用于研究系统以及分析随机扰动对变量系统的动态影响。VAR模型理论成熟,结果稳健,兼具惯性模型与结构模型特征,常用于度量多变量内在耦合关系。根据研究目的,本书选取VAR模型度量生态经济子系统间的压力响应机制。

(一)基本思想

与联立方程模型不同,向量自回归不需要确定内生变量和外生变量,而是将系统中每一个内生变量作为系统中所有内生变量的滞后值的函数来构造模型,一般的VAR(p)模型的数学表达式是:

$$y_t = v + A_1 y_{t-1} + \cdots + A_p y_{t-p} + B_0 x_t + B_1 x_{t-1} + \cdots + B_q x_{t-q} + \mu_t \ Moran's\ I \qquad (3-10)$$

式中, $y_t = (y_{1t}, \cdots, y_{kt})$ 表示 $local\ Moran's\ I = \dfrac{\left(X_i - \bar{X}\right)\sum\limits_{j=1}^{n} W_{ij}\left(X_j - \bar{X}\right)}{\sum\limits_{i}^{n}\left(X_i - X\right)^2}$ 阶随机向量;

$Moran's\ I$ 到 $Moran's\ I$ 表示 $Moran's\ I$ 阶的参数矩阵; $Moran's\ I$ 表示 $Moran's\ I$ 阶外生变量向量; $Moran's\ I$ 到 B_q 时 $K \times M$ 阶待估系数矩阵,并假定 μ_t 是白噪声序列; t 为时间; p, q 为滞后期数。

本书建立由总生态足迹增长率和甘、青、宁三省区的第一产业增长率、第二产业增长率和第三产业增长率组成的三变量VAR模型,并通过脉冲响应分析和方差分解分析对总生态足迹增长率和第一产业增长率、第二产业增长率和第三产业增长率之间的动态关系进行实证研究[85-88]。

(二)脉冲响应函数

脉冲响应函数是分析当一个误差项变化,或者说模型受到某种冲击时对系统的动态影响。下面仅以VAR(2)来说明脉冲响应函数的基本思想。

$$\begin{cases} x_t = a_1 x_{t-1} + a_2 x_{t-2} + b_1 z_{t-1} + b_2 z_{t-2} + e_{1t} \\ z_t = a_1 x_{t-1} + a_2 x_{t-2} + b_1 z_{t-1} + b_2 z_{t-2} + e_{2t} \end{cases} \qquad (3-11)$$

且各参数满足

$$E(\varepsilon_{it}) = 0, \ var(\varepsilon_t) = E(\varepsilon_t \varepsilon_t^{'}) = \sum = \{\sigma_{ij}\}, E(\varepsilon_{it}\varepsilon_{is}) = 0 \qquad (3-12)$$

假设系统从 0 期开始活动,设 $x_{-1}=x_{-2}=z_{-1}=z_{-2}=0$, $\varepsilon_{1t}=\varepsilon_{2t}=0(t=1,2,\cdots)$,因此得出,当 $t=0$ 时, $x_0=1$, $z_0=0$;当 $t=1$ 时, $x_1=a_1$, $z_1=c_1$;当 $t=2$ 时, $z_2=c_1a_1+c_2$ $+d_1c_1$, $x_2=a_1^2+a_2+b_1c_1$ 。继续计算下去得: $x_3,x_4,x_5,x_6,\cdots$,称为由 x 的脉冲引起的 x 的响应函数。同理所得 $z_3,z_4,z_5,z_6,\cdots$,称为由 x 的脉冲引起的 z 的响应函数。

(三)方差分解

方差分解通过分析每一个结构冲击对内生变量变化的贡献度,来评价不同结构冲击的重要性,用来衡量结构性的变化对于内生变量变化的贡献程度,能够分析结构性的冲击对于变量变化的重要性。西姆斯于 1980 年提出了方差分解方法,其思路如下:

$$y_{it}=\sum_{j=1}^{k}(c_{ij}^{(0)}\varepsilon_{jt}+c_{ij}^{(1)}\varepsilon_{jt-1}+\cdots) \ , \ i=1,2,3,\cdots,k \ , \ t=1,2,3,\cdots,T \qquad (3-13)$$

式中, k 为变量个数; c_{ij} 为系数; ε_{jt} 为扰动项。

假设 ε_j 无序列相关,则 $E[(c_{ij}^0\varepsilon_{jt}+c_{ij}^{(1)}\varepsilon_{jt-1}+\cdots)^2]=\sum_{q=0}^{\infty}(c_{ij}^{(q)})^2\sigma_{jj}$, $i,j=1,2,\cdots,k$, σ 为对应的标准差。因此为了测定各个扰动项相对 y_i 的方差有多大程度的贡献,定义相对方差贡献率如下:

$$RVC_{j\rightarrow i}(\infty)=\frac{\sum_{q=0}^{\infty}(c_{ij}^{(q)})^2\sigma_{jj}}{\mathrm{var}(y_{it})} \ , \ i,j=1,2,\cdots,k \qquad (3-14)$$

即相对方差贡献率是根据第 j 个变量基于冲击的方差对 y_i 的方差的相对贡献度,来观测第 j 个变量对第 i 个变量的影响。

三、生态位态势模型

生态位态势理论,即从个体到生物圈,无论是自然还是社会中的生物单元都具有态和势两个方面的属性,态是指生物单元的状态,是过去生长发育、学习、社会经济发展以及与环境相互作用积累的结果;势是指生物单元对环境的现实影响力或支配力,如能量和物质变换的速率、生产力、生物增长率、经济增长率、占据新生境的能力。生态位是生物单元在特定生态系统中与环境相互作用过程中所形成的相对地位与作用[89]。任何生物都在不断地与其他生物相互作用并不可避免地对其所生存的物理化学环境产生影响,其地位与作用也必然是在一定环境条件下与其他生物相对比较中才体现出来。在对城市生态位进行测算时,不仅要考虑其现时的状态,还要考虑其对所处的生存环境的影响力以及支配力。态是势的基础,势的积蓄提高态的转化能力。态和势的有机结合充分反映了城镇各维度的生态位宽度,即生态位大小。报告所使用评价模型主要根据朱春全提出的生态位态势模型进行计算,计算公式如下[90]:

$$N_i = \frac{(S_i + A_i P_i)}{\sum_{j=1}^{n}(S_j + A_j P_j)} \qquad (3-15)$$

式中,N_i 为指标体系中第 i 个因子的生态位;S_i 为该因子的态;P_i 为该因子的势;S_j 为第 j 个因子的态;P_j 为第 j 个因子的势;A_i 和 A_j 为量纲转换系数。

根据生态位态势理论可知,各类生态位及总生态位的取值范围为0~1,总和为1,越接近1,说明该城市生态位宽度越大,地位越高,竞争力越大,该城市在城市体系内能够利用的社会、经济、自然等资源越广泛,利用的效率越高,得到的收益也越大,在系统内具有很强的竞争力;反之,城市的生态位宽度值越小,城市吸引力和竞争力越小,地位越低,在城市体系内能够发挥的作用有限,资源利用效率低下,发展潜力不足,需要对其生态位进行新的拓展。

生态位计算步骤:

第一步,熵值法计算各指标权值。

第二步,将权值带入原始生态位宽度公式(3-15),得到生态位测算公式。将每个指标原始数据标准化后的值作为"态",每个指标2016年的增长率作为"势",运用公式得出每个维度的生态位:

$$N_i = \frac{a_i(S_i + A_i P_i)}{\sum_{j=1}^{n} a_j(S_j + A_j P_j)} \qquad (3-16)$$

第三步,计算综合生态位。综合生态位的计算公式为:

$$M = \sum_{i=1}^{n} N_i / n \qquad (3-17)$$

式中,M 表示城镇的综合生态位;N_i 表示城镇各个因子的生态位;n 为因子的个数。

随着生态位理论的拓展和城市发展研究的需要,越来越多的学者将生态位的理论和方法应用到城市的研究中,著名生态学家Odum把城市生态位理解为扩展的生态位理论:"生态位能够反映城市各组成单元的性质、功能、地位、作用及其资源的优劣势以及城市在区域系统中的发展态势"[91]。生态位态势模型既可度量生态文明发展水平,又可度量生态文明发展潜力,同时具备综合评价能力,因此,本书运用生态位态势理论核算市域城市生态位,作为区域生态文明评价依据。

四、空间自相关分析

空间依赖性是指研究对象属性值的相似性与其位置的相似性存在一致性[92]。空间自相关是空间依赖性的重要形式,是指研究对象和其空间位置之间存在的相关性[93-94]。

空间自相关可以分为正相关和负相关两类,正相关表明某单元的属性值变化与其相邻空间单元具有相同变化趋势,负相关则相反。

（一）全局空间自相关

全局空间自相关是对属性值在整个区域的空间特征的描述。表示全局空间自相关的指标和方法有很多,最常用的是 $Moran's\ I$ 。 $Moran's\ I$ 是用于衡量空间要素的相互关系,其计算公式如下:

$$I = \frac{\sum_{i=1}^{n}\sum_{j=1}^{n}W_{ij}(X_i - \bar{X})(X_j - \bar{X})}{\left(\sum_{i}^{n}\sum_{j}^{n}W_{ij}\right)\sum_{i}^{n}(X_i - X)^2} \tag{3-18}$$

式中, $\bar{X} = \frac{1}{n}\sum_{i=1}^{n}X_i$; n 表示地区个数; X_i 表示空间单元 i 的属性值; W_{ij} 为空间权重矩阵的任意元素,空间权重的取值通常为:

$$W_{ij} = \begin{cases} 0 & \text{当区域}i\text{和}j\text{不相邻时} \\ 1 & \text{当区域}i\text{和}j\text{相邻时} \end{cases} \tag{3-19}$$

$Moran's\ I$ 指数的取值范围在 [-1, 1],当 $Moran's\ I$ >0时,表明存在空间正相关; $Moran's\ I$ <0时,则表示存在空间负相关,其取值越大说明空间集聚程度越高。

（二）局部空间自相关

全局 $Moran's\ I$ 指数仅仅反映的是对所观测变量在整体空间上的集聚程度,无法表现观测变量在地理内部单元上的空间特征。而局部 *Moran's I* 指数可以很好地弥补这一点,不仅可以对每个区域单元的空间集聚程度以及空间集聚种类进行分析,还可以测算出每个区域单元对全局空间自相关的贡献程度,并且评估出空间自相关在多大程度上掩盖了局部的不稳定性。局部 *Moran's I* 指数由 L. Anselin[95]提出,其计算公式为:

$$local\ Moran's\ I = \frac{\left(X_i - \bar{X}\right)\sum_{j=1}^{n} W_{ij}\left(X_j - \bar{X}\right)}{\sum_{i}^{n}\left(X_i - X\right)^2} \tag{3-20}$$

式中,X_i 表示空间单元 i 的属性值;$\bar{X} = \frac{1}{n}\sum_{i=1}^{n} X_i$,$W_{ij}$ 为空间权重值;n 为研究区域上所有地区的总数。

局部 *Moran's I* 的取值及检验规则为:当局部 *Moran's I* >0,表明观测对象在所处空间单元同邻近单元相似,属于"高—高"或"低—低"空间集聚类型,当局部 *Moran's I* <0,表明观测对象在所处单元同邻近单元相异,属于"高—低"或"低—高"空间集聚类型,并且局部 *Moran's I* 的取值越大,则区域单元对相邻单元产生的辐射效应越大。

五、生态位重叠度

根据生态位原理得知:每个生物物种在长期的生存竞争中都拥有一个最适合自身生存的时空位置(即生态位)。在资源不足的情况下,一个生态位只能有一个物种,出现于同一生态位中的两个物种必定发生激烈的种间竞争,最终导致其中一个物种被逐出;但当资源丰富的时候,在生态位重叠的部分并不一定发生激烈的竞争。城市生态位重叠和自然物种生存竞争相类似,城市占据的资源空间的位置称为城市生态位,不同的城市所占据的生态位是不同的,这是因为每个城市占据不同的区位、具有不同的资源、具有不同的历史背景和城市发展战略等。同时,城市是一个复杂的开放系统,其外部条件与内部元素相互联系和相互制约。城市生态位由多维资源空间构成,组成城市的经济单元与产业,在激烈的竞争中欲求得生存和发展。由于内部竞争的加剧,拓宽了资源的利用范围,遂与其他城市的生态位越来越接近。当两个或多个城市的生态位需要同一资源时,就会出现生态位重叠。根据

57

Gause原理,城市生态位重叠部分必然发生竞争排斥。生态位越接近,重叠越多,城市间竞争越激烈,最终通过竞争排斥作用使城市生态位分化并得以共存。城市生态位竞争内容不仅包括时间和空间位置的竞争、对自然资源利用方面的竞争,还包括人才竞争、高新科学技术竞争和文化水平方面的竞争等。如果两城市在上述竞争因素中有相同的竞争部分,则城市生态位会发生重叠,从而导致城市资源的争夺。图3-4显示的是两个城市生态位从小部分重叠到大部分重叠的演进,由于各城市占据的区域空间是不同的,因此,城市的生态位不会完全重叠。

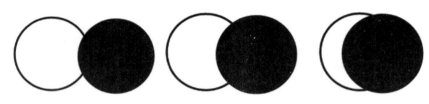

图3-4　城市生态位重叠形态

由图3-4可知,城市生态位重叠的部分越大,表明两城市对同一资源的竞争强度越大。而资源的有效供给又是城市发展的根基,城市之间资源竞争强度的准确度量是制定城市发展战略的基础和依据[96]。基于此,本书根据赵维良提出的城市间竞争的实质是生态位重叠而出现的排斥与分化现象理论,运用生态位重叠度计算方法对甘肃省各城市的竞争合作关系进行研究。

（一）一维城镇生态位重叠度

生态位重叠是生态位计算过程的重要指标,它反映的是两个或两个以上生态位相似的物种生活于同一空间时分享或竞争共同资源的现象,本书采用生态位重叠度计算使用较多的Levins公式,对一维生态位重叠度进行计算:

$$O_{ij} = \frac{\sum_{a=1}^{R} P_{ia}P_{ja}}{\sum_{a=1}^{R} P_{ja}^2} \quad (3-21)$$

式中,O_{ij}表示城市i和城市j的生态位重叠;P_{ia}和P_{ja}分别代表城市i和城市j对资源a的利用量;R为资源的种类数。

（二）多维城市生态位重叠度

城市的多维生态位重叠度是依据城镇的一维生态位重叠度计算的。由于城市系统是由各个方面组成的综合系统,因此对城市的多维生态位重叠进行判断有助于对两个或两个以上的城镇总体生态位重叠程度进行了解。根据生态位理论,多维生态位的重叠度计算主要有两种方法:积 α 法与和 α 法[97]:

1.积 α 法

当城市系统的各维度互相独立时,城市之间的多维度生态位重叠度为各城市的一维生态位重叠度矩阵的对应位置的乘积:

$$\alpha_{ij}^{p} = \prod_{k=1}^{k} \alpha_{ij}(A_k) \tag{3-22}$$

式中, α_{ij}^{p} 是城镇 i 与城镇 j 的多维生态位重叠度, $\alpha_{ij}(A_k)$ 是城市 i 与城市 j 在第 k 个资源 A 上的重叠值。

2.和 α 法

当城市系统的各维度存在关联时,城市之间的多维度生态位重叠度为各城市的一维生态位重叠度矩阵的对应位置的算术平均值:

$$\alpha_{ij}^{p} = \frac{\sum_{k=1}^{k} \alpha_{ij}(A_k)}{n} \tag{3-23}$$

式中, α_{ij}^{p} 是城镇 i 与城镇 j 的多维生态位重叠度; $\alpha_{ij}(A_k)$ 是城市 i 与城市 j 在第 k 个资源 A 上的重叠值; n 为城市的数量。

六、Lotka–Volterra 模型

Lotka 于 1925 年提出在生物体内的各种化学元素发生反应会影响到种群系统的动力学行为,而 Volterra 于 1926 年提出了用一个关于捕食者与被捕食者的简单模型来解释亚得里亚(Adriatic)海某些鱼群变化的规律,他们各自建立了捕食—被食系统模型和竞争系统模型。1971 年,Odum 把前述模型推广到互惠系统。生态学中将这三种模型统称为 Lotka–Volterra 模型[98],用来描述种群间的竞争关系。其推导过程如下:

假定在同一环境下的单种群增长符合 Logistic 方程:

$$\frac{\mathrm{d}X}{\mathrm{d}t} = rX\left(1 - \frac{X}{K}\right) \tag{3-24}$$

式中,t 为时间,X 为种群大小,r 为种群的内禀增长率,K 为种群的最大值,即环境容纳量。当两个种群在相同的环境下,必然存在着共存竞争关系,满足方程:

$$\begin{cases} \dfrac{\mathrm{d}X_1}{\mathrm{d}t} = r_1 X_1 \left(1 - \dfrac{X_1}{K_1}\right) + r_1 \theta_{12} \dfrac{X_1 X_2}{K_1} \\ \dfrac{\mathrm{d}X_2}{\mathrm{d}t} = r_2 X_2 \left(1 - \dfrac{X_2}{K_2}\right) + r_2 \theta_{21} \dfrac{X_2 X_1}{K_2} \end{cases} \qquad (3\text{-}25)$$

式中,t 为时间,X_i 为 i 种群的种群大小;r_i 为 i 种群的内禀增长率;K_i 为 i 种群的最大值;θ_{ij} 为 j 种群对 i 种群的竞争系数;$i,j=1,2,i\neq j$。公式(3-25)即 Lotka-Volterra 方程。为方便运算简化为一般形式:

$$\begin{cases} \dfrac{\mathrm{d}x_1}{\mathrm{d}t} = a_{10} x_1 + a_{11} x_1^2 + a_{12} x_1 x_2 \\ \dfrac{\mathrm{d}x_2}{\mathrm{d}t} = a_{20} x_2 + a_{21} x_2 x_1 + a_{22} x_2^2 \end{cases} \qquad (3\text{-}26)$$

为实现 Lotka-Volterra 样本模型的建立,可借助灰色系统理论。灰色系统理论的思想是以定性为前提,定量为后盾,采用微分方程描述研究对象的动态行为,并直接对方程中的参数进行估计,因而适合运用于生态学系统。假设原始序列的采样间隔相对于种群变化的时间间隔足够小,当种群很大时,取单位时间间隔,有 $\dfrac{x_{1(t)} + x_{1(t+1)}}{2}$,由灰色系统理论知识,对其离散化得

$$x_{1(t+1)} - x_{1(t)} = a_{10} \frac{x_{1(t)} + x_{1(t+1)}}{2} + a_{11} \left[\frac{x_{1(t)} + x_{1(t+1)}}{2}\right]^2 + a_{12} \frac{x_{1(t)} + x_{1(t+1)}}{2} \frac{x_{2(t)} + x_{2(t+1)}}{2}$$

将 $t=1,2,\cdots,n-1$ 的数据代入得方程:

$$Y_{1N} = B_1 \hat{a}_1 \qquad (3\text{-}27)$$

式中,$Y_{1N} = \left[x_{1(2)} - x_{1(1)}, x_{1(3)} - x_{1(2)}, \cdots, x_{1(n)} - x_{1(n-1)}\right]^T$;

$$B_1 = \begin{bmatrix} \dfrac{x_{1(1)} + x_{1(2)}}{2}, & \left[\dfrac{x_{1(1)} + x_{1(2)}}{2}\right]^2, & \left[\dfrac{x_{1(1)} + x_{1(2)}}{2}\right]\left[\dfrac{x_{2(1)} + x_{2(2)}}{2}\right] \\ \dfrac{x_{1(2)} + x_{1(3)}}{2}, & \left[\dfrac{x_{1(2)} + x_{1(3)}}{2}\right]^2, & \left[\dfrac{x_{1(2)} + x_{1(3)}}{2}\right]\left[\dfrac{x_{2(2)} + x_{2(3)}}{2}\right] \\ \vdots & \vdots & \vdots \\ \dfrac{x_{1(n-1)} + x_{1(n)}}{2}, & \left[\dfrac{x_{1(n-1)} + x_{1(n)}}{2}\right]^2, & \left[\dfrac{x_{1(n-1)} + x_{1(n)}}{2}\right]\left[\dfrac{x_{2(n-1)} + x_{2(n)}}{2}\right] \end{bmatrix};$$

$$\hat{a}_1 = \left[a_{10}, a_{11}, a_{12}\right]^T$$

在最小二乘准则下，可求得 a_{10}, a_{11}, a_{12} 的值，再利用式（3-26）和式（3-27）间的关系求得 r_i、K_i 和 θ_{ij} 的值，进而分析出两种群之间的相互作用。

　　Lotka-Volterra模型立足生态学理论，理论基础扎实，种群间互动关系度量清晰，是动态运行机制研究较为理想的理论模型。本书尝试基于灰色建模理论，探讨经验模型实现方式，并基于此进行实证分析，量化分析市域生态经济系统发展的协调性。

　　根据经济学的理论，生态经济系统可分解为生态子系统与经济子系统，而人类生产活动既驱动着两个子系统内在的运行，又促进了二者之间的交互耦合作用。因此，衡量区域生态文明建设状况，首先应了解其自然禀赋与人文发展特征，即关注其生态经济系统运行量的规律性。

第二部分
省域层面的测度
——基于甘、青、宁三省区数据

　　本部分包含四章内容,立足生态经济系统,从省域层面构建测度体系,分别对甘、青、宁三省区生态文明建设进程进行统计测度,并就测度内容、方法选取、测度结果进行总结与思考。

　　根据第三章构建思路,省域层面生态文明建设统计测度的内容主要包括区域生态经济系统运行特征、生态安全状况、生态文明建设进程评估等。

第四章

甘、青、宁三省区生态经济系统运行特征

根据经济学的理论,生态经济系统可分解为生态子系统与经济子系统,而人类生产活动既驱动着两个子系统内在的运行,又促进了二者之间的交互耦合作用。因此,衡量区域生态文明建设状况,首先应了解其自然禀赋与人文发展特征,即关注其生态经济系统运行量的规律性。

第一节 甘肃省生态经济系统运行特征

一、区位基本特征

（一）地理特征

甘肃省位于我国西北部的内陆地区,属黄河中上游地段。行政区划分为兰州、白银、天水、张掖、庆阳等12个地级市和2个民族自治州。其地理特征可总结如下:

1.土地面积较为宽广

2016年末全省土地面积达到了4258万公顷。耕地面积537.24万公顷,园地面积25.64万公顷,牧草地面积591.97万公顷,林地和水域面积共有699.73万公顷,建设用地91.12万公顷,未利用土地面积2313.19万公顷。

2.多种类型的土地类型交错分布

甘肃省的地形可概括为山地、黄土高原、高原、戈壁、沙漠这几种类型。

山地集中分布在陇南地区,这里森林树木较多,生物资源丰富。黄土高原分布在甘肃省中部的兰州、定西地区和东部的天水地区。高原主要分布在甘南地区,这里海拔普遍较高,是甘肃省的主要畜牧业基地。戈壁滩主要分布在河西走廊地区,

这里地势比较平坦,光照充足,是甘肃省的主要商品粮基地[99]。沙漠地区分布在河西走廊以北的地区,这里沙漠连片分布,风沙较大。

(二)生态环境状况

1.自然资源丰富

甘肃省草场主要分布在高寒阴湿的甘南和祁连山地区;野生植物种类繁多,分布广泛;辖区蕴藏有丰富的水能资源、风能资源及太阳能资源。2016年甘肃省水资源总量为209.6亿立方米,其中地表水202.0亿立方米,地下水108.7亿立方米,地表水与地下水资源重复量为101.1亿立方米。人均水资源量803.0立方米/人。2016年甘肃省风能资源总储量为2.37亿千瓦,风力资源居中国第5位,可利用和季节可利用区的面积为17.66万平方千米,主要集中在河西走廊和省内部分山口地区,河西的瓜州素有"世界风库"之称。甘肃省是中国太阳能最为丰富的三个区域之一,各地年太阳总辐射值为4800~6400兆焦/平方米,其中河西西部、甘南西南部是中国太阳能资源最丰富的地区[100]。

2.我国重要的生态安全屏障区

甘肃省是我国重要的生态安全屏障区域,根据区位特征,分为七个生态区,分别为:甘南黄河水源生态区、"两江一水"生态区、祁连山冰川生态区、石羊河下游生态区、敦煌生态区、陇东黄土高原生态区、荒漠生态区。

二、人口分布特征

1.人口密度呈条带状分布特征

以甘肃省14个市州的人口密度为人口分布特征指标,整体来看,甘肃省人口空间分布具有显著的带状分布特征,中东部地区人口密集,西部地区人口稀疏。将人口密度划分为不同级别可更加直观地反映甘肃省的人口分布状况,有利于揭示各级别人口分布的空间特征。甘肃省的人口密度分为4个单元:高密度单元(人口密度大于200人/km²)、中高密度单元(人口密度100~200人/km²)、中低密度单元(人口密度在50~100人/km²)、低密度单元(人口密度< 50人/km²)。高密度单元在甘肃省的分布相对较少,主要集中在甘肃省的东部、中部地区;中高密度单元分布于甘肃省定西市和平凉市;而中低密度单元所占比例相对较多,主要是河西走廊的金昌市、武威

市、嘉峪关市和白银市、庆阳市、陇南市;低密度单元主要位于甘肃省北部的地区,所占面积最大,如表4-1所示。

表4-1　2016年甘肃省市域人口密度

城市名称(市/自治州)	人口密度/人·km^{-2}	城市位置
酒泉市	<50	北部
嘉峪关市	50~100	北部(河西走廊)
张掖市	<50	北部
金昌市	50~100	中部(河西走廊)
武威市	50~100	中部(河西走廊)
白银市	50~100	中部(河西走廊)
兰州市	200~300	中部
临夏回族自治州	200~300	中部
甘南藏族自治州	<50	中部
定西市	100~200	中部
庆阳市	50~100	东部(河西走廊)
平凉市	100~200	东部
天水市	200~300	东部
陇南市	50~100	东部(河西走廊)

2.各市州内部人口分布集聚特征鲜明

以甘肃省86个县域单位为研究对象,可得甘肃省的县域人口分布特征,如表4-2所示。

表4-2　甘肃省县域人口密度(2016年)

人口密度/人·km^{-2}	县域单位[区、(自治)县]	个数/个	占比/%
<10	金塔县,碌曲县,瓜州县,玛曲县,敦煌市,肃南裕固族自治县,阿克塞哈萨克族自治县,肃北蒙古族自治县	8	9.31

续表

人口密度/人·km⁻²	县域单位[区、(自治)县]	个数/个	占比/%
10~50	舟曲县,景泰县,永昌县,环县,高台县,山丹县,两当县,华池县,合作市,天祝藏族自治县,卓尼县,民勤县,夏河县,迭部县,玉门市	15	17.44
50~100	平川区,漳县,会宁县,宕昌县,永登县,靖远县,徽县,皋兰县,古浪县,金川区,民乐县,康县,合水县,临泽县,文县	15	17.44
100~1000	广河县,甘谷县,秦安县,西峰区,临夏县,庄浪县,积石山保安族东乡族撒拉族自治县,秦州区,崆峒区,张家川回族自治县,红古区,康乐县,泾川县,西和县,武山县,静宁县,和政县,东乡族自治县,白银区,宁县,凉州区,临洮县,陇西县,正宁县,麦积区,渭源县,华亭县,清水县,成县,通渭县,镇原县,岷县,榆中县,武都区,甘州区,礼县,肃州区,崇信县,灵台县,安定区,庆城县,永清县,临潭县,西固区	44	51.16
>1000	城关区,临夏市,安宁区,七里河区	4	4.65

酒泉市各县人口密度普遍较低,玉门市和酒泉市市区人口密度相对较高。张掖市和武威市人口密度分布具有相同的特征,人口密度自西南向东北逐渐增加,市区所在地人口密度最大,由此产生的集聚效应导致相邻两县的人口密度相对较高,其他县域人口密度次之。少数民族聚居的县域人口密度最小,例如,肃南裕固族自治县和天祝藏族自治县。兰州市作为省会城市,市区人口遥遥领先于其他县域地区,但各县之间人口差距较大,皋兰县人口密度较小,临夏回族自治州(以下简称临夏州)、定西市、天水市、平凉市是全省人口密度较高的地区,县域人口密度普遍较高,县域之间人口密度差距小。甘南州人口密度普遍较低,人口密度自东北向西南逐渐减少;而陇南市的人口密度自北向南逐渐减少。

3.人口分布的均衡性较低

人口学中普遍用洛伦兹曲线的弯曲程度来描述人口分布的均衡程度。以甘肃省86个县级区划为研究对象生成洛伦兹曲线,如图4-1所示。

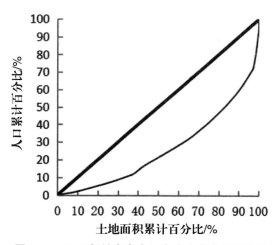

图4-1　2016年甘肃省人口密度分布洛伦兹曲线

由图4-1可知,甘肃省人口分布的洛伦兹曲线弯曲程度较大,严重偏离对角线,表明甘肃省的人口分布不均匀现象比较严重。在洛伦兹曲线的左下角区域,当土地面积累计百分比达到41%时,人口累计百分比为约9%,对应地区人口密度小于10(人/km²),主要分布在河西走廊地区,这些地区的土地面积较大,但由于地理环境较恶劣,使得人口密度偏低。在洛伦兹曲线的中间区域,当土地面积累计百分比达到88%时,人口累计百分比为60%,该地区人口密度约为16(人/km²),主要分布在平凉市华亭县、天水市武山县和甘谷县、庆阳市的华池县、武威市的古浪县、陇南市徽县这些建制比较好的东部地区。在洛伦兹曲线的右上角区域,当土地面积累计百分比达到98%时,人口累计百分比约为88%,也就是说剩下2%的土地面积上分布着12%的人口,该地区人口密度大于50(人/km²),主要分布在天水市和陇南市的部分地区,这些地区环境优美、物产丰富,导致大量人口在此集聚。

4.人口分布受自然地形因素影响较大

甘肃省人口主要分布在兰州市、临夏州、定西市、平凉市、庆阳市、天水市、陇南市,这些城市构成了甘肃省主要人口密集区。兰州市是全省的政治、经济、文化中心,因此导致大量的人口在此聚集。天水市环境优美,人口密度相对较大。在低海拔区域、低坡度区域分布着甘肃省80%的人口。金昌市、武威市、白银市人口密度相对较低,甘肃省西部地区及甘南藏族自治州(以下简称甘南州)人口分布相对稀疏。

三、经济发展状况

(一)经济发展水平

当前甘肃省经济区位分为五个部分[101]——河西走廊经济区、陇中经济区、陇东经济区、民族经济区、甘南藏族经济区。五个经济区之间既有区域共性,又有产业差异性。

1.区域经济发展呈现以兰州为中心向四周辐射的发展格局

2016年甘肃省14个市州第一产业、第二产业、第三产业产值见表4-3。

表4-3　2016年甘肃省14个市州三大产业产值　　　　　单位:亿元

地区	第一产业产值	第二产业产值	第三产业产值
兰州市	60.3568	790.0955	1413.7795
天水市	100.3875	189.9801	300.1460
嘉峪关市	4.4352	60.3208	88.6527
金昌市	20.7180	104.1350	82.9621
白银市	61.9819	178.1063	202.1203
陇南市	73.8565	73.3168	192.7151
定西市	78.7477	75.4374	176.8917
庆阳市	85.4897	285.4718	226.8709
酒泉市	87.1890	202.2191	288.5260
张掖市	102.4188	110.1312	187.3936
平凉市	102.9954	91.0570	173.2436
武威市	108.2737	170.7372	182.7164
甘南州	29.1206	21.8467	84.9848
临夏州	38.3650	46.3294	145.4123

由表4-3可知,第一产业产值大于100亿元的城市主要有天水市、张掖市、平凉市和武威市;兰州市、白银市、陇南市、定西市、庆阳市、酒泉市的产值在50亿～100亿元;金昌市、甘南州、临夏州的产值相对较少,为20亿～40亿元;而嘉峪关市第一产业产值明显小于其他地区,仅为4.44亿元。

兰州市第二产业产值遥遥领先于其他地区;庆阳市、酒泉市、天水市、白银市、武威市、张掖市和金昌市的第二产业产值为100亿～300亿元;其余市州的产值小于100亿元,其中甘南州和临夏州的产值最小。

兰州市第三产业的产值高于平均水平10倍,在全省的第三产业中居于主导地位,其他区域第三产业产值相差较小。其中,天水市、酒泉市、庆阳市和白银市的产值为200亿～300亿元,临夏州、平凉市、定西市、武威市、张掖市、陇南市的产值为100亿～200亿元,而金昌市、甘南州、嘉峪关市的产值则小于100亿元。

2.县域经济发展均衡性较低,产业结构不合理

至2016年,甘肃省人民生活水平大幅提高,但各区域的产业布局、区域内产业发展存在一定的矛盾和不协调性,经济发展水平和增长速度存在比较大的差异。以甘肃省86个县域单位为研究对象,2016年各县三大产业产值为数据,做出表4-4。

表4-4　2016年甘肃省县域第一产业产值

第一产业产值/亿元	县域单位(区、县)	个数/个	占比/%
<1	安宁区、肃北县、阿克塞县	3	3.49
2~5	城关区、西固区、平川区、肃南县、康县、两当县、临夏市、广河县、和政县、东乡县、积石山县、合作市、临潭县、卓尼县、舟曲县、迭部县、碌曲县、夏河县	18	20.93
5~10	七里河区、红古区、皋兰县、金川区、白银区、张家川县、天祝县、崇信县、华亭县、庆城县、环县、华池县、合水县、通渭县、漳县、成县、文县、宕昌县、西和县、礼县、临夏县、康乐县、永靖县、玛曲县	24	27.91
10~60	永登县、榆中县、永昌县、靖远县、会宁县、景泰县、秦州区、麦积区、清水县、秦安县、甘谷县、武山县、民勤县、古浪县、甘州区、民乐县、临泽县、高台县、山丹县、崆峒区、泾川区、灵台县、庄浪县、静宁县、肃州区、金塔县、瓜州县、玉门市、敦煌市、西峰区、正宁县、宁县、镇原县、安定区、陇西县、渭源县、临洮县、岷县、武都区、徽县	40	46.51
>60	凉州区	1	1.16

如表4-4所示可知,河西走廊与陇中地区第一产业产值较高,但辖区内产值均衡性较低;陇南地区及陇东地区第一产业产值较低,但辖区内第一产业发展均衡性强。其中,位于河西走廊的酒泉市属各县级单位中,中部的敦煌市、瓜州县、玉门市、金塔县等地区第一产业产值较高,而位于周边的肃北县、阿克塞县的产值较低,且各县域产值之间的差距也较大;兰州市辖区内部,各区第一产业的产值差距比较大,红古区地区产业的产值达到了9.9678亿元,而安宁区仅为0.1617亿元。陇东地区的庆阳市和陇南地区的陇南市各县第一产业的产值略小于武威市、白银市这些中部地区的产值,各县域间产值相差不大且比较均衡。

表4-5　2016年甘肃省县域第二产业产值

第二产业产值/亿元	县域单位(区、县)	个数/个	占比/%
<1	两当县	1	1.16
1~10	阿克塞县、康县、临夏市、广河县、和政县、东乡县、积石山县、张家川县、崇信县、通渭县、漳县、文县、宕昌县、西和县、礼县、临夏县、康乐县、清水县、灵台县、庄浪县、正宁县、渭源县、岷县、合作市、临潭县、卓尼县、舟曲县、迭部县、碌曲县、夏河县、玛曲县	31	36.05
10~100	安宁区、肃北县、肃南县、红古区、皋兰县、金川区、白银区、平川区、天祝县、华亭县、庆城县、环县、华池县、合水县、成县、永靖县、永登县、榆中县、永昌县、靖远县、会宁县、景泰县、秦州区、麦积区、秦安县、甘谷县、武山县、民勤县、古浪县、甘州区、民乐县、临泽县、高台县、山丹县、崆峒区、泾川区、静宁县、肃州区、金塔县、瓜州县、玉门市、敦煌市、西峰区、宁县、镇原县、安定区、陇西县、临洮县、武都区、徽县	50	58.14
100~200	城关区、西固区、七里河区、凉州区	4	4.65

如表4-5所示,整体而言,西北地区各县第二产业产值大于东南地区各县第二产业产值。沿河西走廊自西向东各县第二产业产值逐渐减少;酒泉市、张掖市、白银

市、武威市各县第二产业产值较高,县域之间差距小,均衡性较强。兰州市辖各区第二产业的产值差距较大,城关区、西固区、七里河区的第二产业产值达到100亿元以上,而安宁区和红古区仅为70亿元左右。甘南州和陇南市属各县级单元第二产业的产值普遍较低;天水市辖区的第二产业产值最高,与其相邻的武山县、甘谷县、秦安县的第二产业产值次之。

表4-6   2016年甘肃省县域第三产业产值

第三产业产值/亿元	县域单位(区、县)	个数/个	占比/%
<10	两当县、阿克塞县、和政县、崇信县、卓尼县、舟曲县、迭部县、碌曲县、夏河县、玛曲县、肃北县、肃南县	12	13.95
10~100	康县、临夏市、广河县、东乡县、积石山县、张家川县、通渭县、漳县、文县、宕昌县、西和县、礼县、临夏县、康乐县、清水县、灵台县、庄浪县、正宁县、渭源县、岷县、合作市、临潭县、安宁区、红古区、皋兰县、金川区、白银区、平川区、天祝县、华亭县、庆城县、环县、华池县、合水县、成县、永靖县、永登县、榆中县、永昌县、靖远县、会宁县、景泰县、麦积区、秦安县、甘谷县、武山县、民勤县、古浪县、甘州区、民乐县、临泽县、高台县、山丹县、崆峒区、泾川区、静宁县、肃州区、金塔县、瓜州县、玉门市、敦煌市、西峰区、宁县、镇原县、安定区、陇西县、临洮县、武都区、徽县	69	80.24
100~500	秦州区、西固区、七里河区、凉州区	4	4.65
>500	城关区	1	1.16

由表4-6可知,与第一、二产业的产值相比,甘肃省各县级单元第三产业产值整体偏低,且各县域第三产业产值分布与第一产业产值分布具有较强的相似性。第三产业产值较高的地区除兰州市所辖区域外,仅有武威市辖区与天水市辖区。

(二)城市化发展进程

1.人口城市化水平

改革开放前,甘肃省由于受到生产条件、交通条件以及自然地理环境的限制,城镇化发展规模普遍较小。改革开放后,甘肃省城镇化才进入不断发展的阶段。

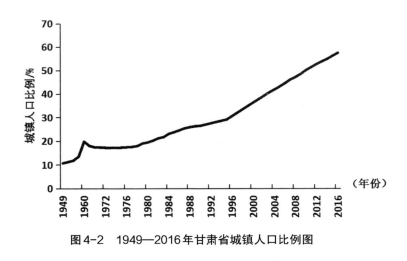

图4-2　1949—2016年甘肃省城镇人口比例图

中华人民共和国成立以来甘肃省城镇人口比例变动如图4-2所示。1949—1960年这一阶段生产力得到了很大的提高,甘肃省的城镇化率由9.5%提高到17.6%。1961—1963年甘肃省缩减城镇数量,减少城镇人口,城镇化率骤降至13.96%。1964—1978年受国家大背景的影响,甘肃省城镇化率仅为14.41%。1979—2000年这一阶段城镇化率达到24.07%,但总体而言,城镇化进程仍然比较缓慢。2001—2007年这一时期甘肃省经济社会发展速度显著提高,城镇化率达到31.59%。2008—2016年,甘肃省的城镇化进入了加速阶段,是甘肃省城镇化发展最快的阶段。

2.经济城市化水平

由表4-7可知,2000年甘肃省生产总值为1052.88亿元,到2016年,全省的生产总值达到了7200.37亿元,年增长410.05亿元。同时,三大产业也在不断调整,都为生产总值的增加起到了巨大的作用,但是,三大产业所占的比重是不同的。根据表4-7所知,从2000年到2016年,三大产业所占比重有增有减,从总的趋势来看,第一产业的比重从2000年的18.44%到2016年的13.66%,是降低的;第二产业的比重从2000年的40.05%到2016年的34.94%,有增加的也有减少;第三产业的比重从2000年的41.52%到2016年的51.4%,可以看出,非农产业在生产总值中所占的比重不仅远远超过第一产业,而且还有上升的趋势。综上可知,三大产业的结构在不断优化中。

表4-7 2000—2016年甘肃省生产总值及三大产业所占比重

年份	生产总值/亿元	第一产业比重/%	第二产业比重/%	第三产业比重/%
2000	1052.88	18.44	40.05	41.52
2001	1125.37	18.48	40.70	40.82
2002	1232.03	17.49	40.72	41.79
2003	1399.83	17.00	40.86	42.14
2004	1688.49	16.99	42.24	40.77
2005	1933.98	15.93	43.36	40.71
2006	2277.35	14.67	45.81	39.53
2007	2703.98	14.33	47.31	38.35
2008	3166.82	14.60	46.43	38.97
2009	3478.07	14.29	45.59	40.12
2010	4135.86	14.49	46.84	38.67
2011	5002.41	13.57	46.07	40.36
2012	5675.18	13.75	44.91	41.34
2013	6330.69	13.34	43.37	43.29
2014	6836.82	13.18	42.8	44.02
2015	6790.32	14.05	36.74	49.21
2016	7200.37	13.66	34.94	51.40

四、生态文明建设现状与面临的挑战

（一）甘肃省生态文明建设现状

1.建立区域生态安全区

建立区域生态安全区的主要措施有:围绕城市群建立北部黄土高原生态屏障区,推进退耕还林政策;支持天水市、平凉市创建森林级城市;加快渭河流域生态保护与修复,建设沿河绿化带,构建渭河绿色生态廊道;加强保护白龙江、白水江、西汉水流域建立文化遗产保护区。

2.提高水资源保障能力

甘肃省提高水资源保障能力的主要措施有:实施崆峒水库、关峡水库、白杨林水库、盘口水库建设工程,加快供水工程、引洮工程的建设;实施县级以上饮用水水源地规范化建设工程,加强水库环境综合整治;建设应急备用水源库;在农村区域推广农业节水技术,促进工业用水循环,加大生活节水力度,促进水资源可持续利用,加强保护祁连山冰川生态区。

3.加强环境综合治理

甘肃省的环境治理主要从三个方面进行:大气污染治理、流域水污染防护、土壤污染治理。大气污染治理:甘肃省大部分的供暖依然是以煤炭供暖为主,尤其在供暖季节,大气污染特别严重,亟须整治。流域水污染防护:控制污染物的排放量,完善城市排水系统的建设。土壤污染治理:石油和煤炭资源的开采导致大量土壤被污染,迫切需要实施土壤污染区的治理与修复,加强水源地的保护。

(二)甘肃省生态文明建设中所面临的挑战

1.自然条件方面的挑战

甘肃省属于我国西北部的生态脆弱区,辖区自然资源虽丰富,但省内绝大部分地区黄土覆盖,植被稀疏,水土流失严重,河流含沙量大[102]。其中,甘肃省中部的黄土高原地区、甘南高原地区由于植被稀疏,降水量偏少,水土流失现象极为严重;而位于河西走廊的瓜州县中部地区和肃北的东南部地区主要是沙漠化问题较严重[103]。总体来看,甘肃省的生态环境相对脆弱,面积大,但土地利用率较差;草原面积大,但草场退化、沙化严重;水力资源理论蕴藏量高,但水资源时空分布不均,大部分地区为干旱半干旱地区。

2.经济条件方面的挑战

甘肃省是一个发展潜力和困难都比较突出、优势和劣势都比较明显的省份。横向比较甘肃省经济的发展情况,其在全国始终处于落后位次,地区生产总值仅占全国GDP的1%左右,经济发展与东、中部省份存在显著差距。2016年甘肃省的三大产业占比分别为第一产业13.66%,第二产业34.94%,第三产业51.40%。甘肃省虽已实现省内粮食供需总量基本平衡,但农业生产基础条件还有待改善;工业以石油化工、有色冶金、机械电子等为主,是我国重要的能源、原材料工业基地,生态产业还需发展。薄弱的经济发展水平、不尽合理的产业结构,一定程度上阻碍了甘肃省生态文明建设进程。

第二节　青海省生态经济系统运行特征

一、区位基本特征

（一）地理特征

青海省地处青藏高原的东北部，全省的平均海拔超过3000米。2016年青海省行政区可划分为2个地级市、6个民族自治州；6个市辖区、3个县级市、27个县、7个自治县和3个县级行政委员会。其地理特征可总结为如下两点：

1.地貌复杂多变，土地面积较宽广

青海全省地势在东西方向上呈现西部较高东部较低，而在南北方向上呈现南北部较高中部较低的态势，海拔由西向东倾斜，呈现阶梯形下降态势，东部地区位于青藏高原到黄土高原的过渡地带，地形地貌复杂多变。青海省面积为72.23万平方千米，是我国土地面积第四大省份。青海省的气候属于高原大陆性气候，南北部气温差异比较明显，北部地区平均气温高于南部地区平均气温。年降水量由东南向西北逐渐递减。

2.土地类型多样，垂直变化明显

青海省以日月山和青南高原为分界线，向西多为牧区，向东多为农耕区，由西向东，冰川、水域、戈壁、沙漠、林地、耕地呈梯形分布，东部农耕区形成了川、浅、脑立体阶地，地块较为分散。

（二）生态环境状况

1.自然资源丰富，所占面积较大

青海省自然环境大致可以从草场、水利资源、林地、荒漠和人工生态系统5个方面进行描述[104]。

青海省的最重要自然资源是草场，2016年全省草场面积共有4193.33万公顷，其中可利用草场面积为3866.67万公顷，占全省草场面积的93.41%，其中夏秋草场面积为1825.35万公顷。青海省天然草场的主体是高寒草甸，高寒草甸面积为2366.16

万公顷,占全省草地面积的64.92%。

青海省水资源非常丰富,2016年全省的全年地表径流总水量达到了611.23亿立方米,每年有596亿立方米的水从青海省流出。地下水资源总量为281.6亿立方米,湖水总面积1.3万平方千米,其中面积大于1平方千米的湖泊共有242个。

青海省林地资源充足,2016年总面积为1096万公顷,占全省国土总面积的15.3%。青海省森林面积共有452万公顷,森林覆盖率达到6.3%。青海省现有森林公园23个,总面积为54万公顷,其中,国家级森林公园有7个,总面积为29万公顷,省级森林公园有16个,总面积为25万公顷。

2.青海省七大自然保护区

青海省共有三江源自然保护区、可可西里自然保护区、青海湖风景名胜区、柴达木梭林自然保护区、循化孟达自然保护区、隆宝自然保护区和大通北川河源区自然保护区七个自然保护区。

三江源自然保护区:三江源地处青藏高原地区,位于青海省的南部,是长江、澜沧江和黄河三大河流的起始地,被称为"中华水塔"。同时也是中国自然保护区中面积最大、海拔较高、生物多样性最聚集、生态环境最敏感的地区。

可可西里自然保护区:可可西里自然保护区,地处青海省西南部的玉树州内。可可西里自然保护区西侧与西藏相接,南侧与格尔木相邻,北面与新疆维吾尔自治区相连,东侧到达青藏公路,总面积为4.5万平方千米。

青海湖风景名胜区:青海湖风景名胜区被大通山、日月山和南山环绕,是国内面积最大的咸水湖,古称"西湖"。青海湖风景名胜区主要以高原湖泊为主,同时也有草原、雪山和沙漠等美丽景观。青海湖的湖盆边缘因断裂而与周围的群山相连接。

柴达木梭林自然保护区:青海柴达木梭林国家级自然保护区地处德令哈市的南部,西侧边缘为大柴旦湖,北侧至青藏铁路,南侧与额木尼克山为界。自然保护区内长期无雨或少雨,太阳照射时间长,辐射也较强,气温年温差和气温日温差较大。

循化孟达自然保护区:坐落于西宁东南方循化撒拉族自治县境内,总面积为1.729万公顷,主要保护对象是森林生态系统和湖泊。气候主要是大陆性气候。

隆宝自然保护区:隆宝国家级自然保护区地处青海省玉树州内,面积为1万公顷,距离结古镇大约75千米。隆宝国家级自然保护区气候是典型的大陆性气候,气候变化大,寒冷干旱,四季差别小,年温差较小,日温差较大,太阳照射时间长,辐射多。

大通北川河源区:大通北川河源区国家级自然保护区地处西宁市大通县内,是北川河的源头,但是自然条件较差,生态环境更加脆弱,发展空间也不大[105]。

二、人口分布特征

1.人口密度东密西疏

根据《青海统计年鉴(2017)》,查询到2016年青海省各市州的总人口数、各地区总面积,计算出青海省8个市州的平均人口密度,并做出各市州人口密度的柱形图。

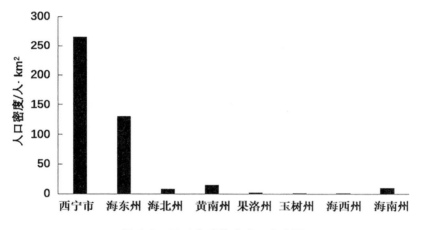

图4-3　2016年青海省人口密度图

由图4-3可以看出,全省人口分布极不均衡,呈现东密西疏、以西宁市为中心向四周扩展的格局。东部地区是人口密度最大的地区,西宁市区的人口密度全省最高,作为青海省的政治、经济和文化的中心,西宁市的基础设施也更完善,对人口具有极大的吸引力。人口密度排名第二的是海东市,而其余6个市州的人口密度均低于50人/平方千米。三江源地区是全省人口密度最低的地区,其中,玉树藏族自治州人口密度最低,只有1.51人/平方千米。

2.各市州内部人口分布状况

表4-8　2016年青海省各县人口密度

人口密度/人·km⁻²	县域单位[区、(自治)县]	个数/个	占比/%
低密度地区(<10)	玉树市、囊谦县、称多县、杂多县、曲麻莱县、治多县、共和县、兴海县、乌兰县、德令哈市、格尔木市、都兰县、茫崖市、天峻县、海晏县、祁连县、刚察县、河南蒙古族自治县、甘德县、班玛县、玛沁县、久治县、达日县、玛多县	24	54.54
中低密度地区(10~100)	循化撒拉族自治县、湟源县、尖扎县、同仁市、泽库县、贵德县、贵南县、同德县、门源回族自治县	9	20.45
中高密度地区(100~1000)	民和回族土族自治县、平安区、互助土族自治县、化隆回族自治县、乐都区、湟中县、大通回族土族自治县	7	15.91
高密度地区(>1000)	城西区、城东区、城北区、城中区	4	9.10

以青海省县域单位为研究对象,如表4-8所示。在东部地区和市区所在地人口密度最大,由此产生的集聚效应导致相邻两县的人口密度相对较高,其他县域人口密度次之。少数民族聚居的县域人口密度最小。西宁市作为省会城市,其市区人口遥遥领先于其他县域地区,但各县之间人口差距较大。治多县等区域人口密度最小,仅为0.43人/平方千米。

3.人口的均衡分布

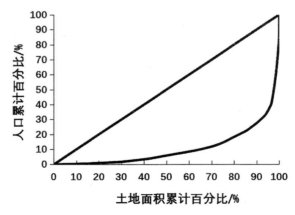

图4-4　2016年青海省人口分布的洛伦兹曲线

洛伦兹曲线图(见图4-4)能够直观反映青海省人口分布在地理空间上的均衡情况。2016年青海省县域上人口分布的洛伦兹曲线偏离程度较大。全省人口分布的不均衡现象较为明显。如乌兰县、共和县等地区,80%的土地上居住着29%的人口。

4.少数民族人口较多

青海省居住的少数民族主要有藏族、回族、土族、撒拉族和蒙古族等5个少数民族,其中土族和撒拉族是青海省独有的少数民族[106]。截至2020年11月1日,青海省少数民族人口总数293.04万人,占全省总人数的49.47%。①

三、经济发展状况

(一)经济发展水平

青海省是我国内陆经济发展落后的欠发达省份。青海省地处中国与中亚经济板块的中心位置上,有着重要的区位发展优势和战略经济发展的地位。青海省特有的自然环境和文化水平情况,形成了目前青海省的经济格局。

1.经济发展的总体格局

根据青海省地域特点,全省总体格局呈现出以西宁市为中心,形成了经济发达和较为发达的地区;西部则主要由柴达木工业基地为发展中心,形成较发达地区,不发达地区形成环状包围着发达地区,而落后地区主要分布在不发达地区的外侧,包围着不发达地区。一级梯度地区是青海省的省会西宁市;二级梯度地区包括围绕着西宁市的循化、民和、互助、乐都和平安等县;三级梯度地区基本上属于少数民族(以藏族为主)的聚居区;四级梯度地区主要是三江源头地区。

2.青海省各市州经济发展状况

以青海省8个市州为单元进行研究,2016年青海省各市州第一产业、第二产业、第三产业的产值为数据依次做柱形图,得到的结果如图4-5所示。

由图4-5可知,青海省各市州的第一产业产值普遍处于较低的水平,第一产业在1000亿元以上的地区只有海东市,第一产业产值在200亿~1000亿元的市州有西宁市、海北州、玉树州、海南州和黄南州五个市州,其中,第一产值较高的是西宁市,

---

①青海省第七次全国人口普查公报[1](第一号)[EB/OL].(2021-07-01)(2022-01-03).http:tjj.qinghai.gov.cn/tjData/survey Bulletin/202107/t20210701_73825.html.

玉树州和海南州不相上下,分别为650.01亿元和644.19亿元,产值在200亿元以下的地区有果洛州和海西州,其中海西州的产值只有28.09亿元。

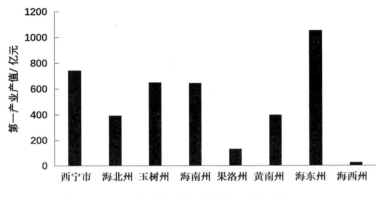

图4-5　2016年青海省各市州第一产业产值

由图4-6可知,青海省各市州第二产业值的产值普遍在6000亿元以下,青海的省会城市西宁市和海东市第二产业的产值为2000亿～6000亿元,黄南州的第二产业产值处于1000亿～2000亿元,第二产业的产值在1000亿元以下的地区有海北州、玉树州、海南州、果洛州和海西州,海西州第二产业的产值最少,仅为326.67亿元。

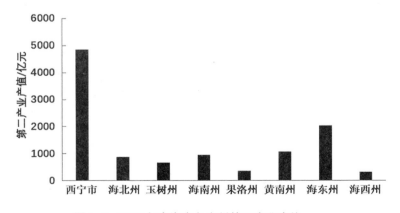

图4-6　2016年青海省各市州第二产业产值

由图4-7可知,青海省各市州第三产业值6000亿元以上的地区只有青海的省会城市西宁市,海东市第三产业值的产值为1000亿～2000亿元,而海北州、玉树州、海南州、果洛州、黄南州和海西州的第三产业值均在1000亿元以下,第三产业产值最少的海西州仅有132.2亿元。

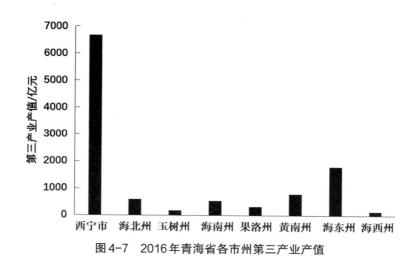

图4-7　2016年青海省各市州第三产业产值

(二)城镇化发展进程

城镇化水平是衡量一个地区经济社会发展状况的重要标准,城镇化水平的提高不仅能够提高居民的生活水平和质量,同时还能够为该地区的经济发展提供条件,给居民的生活水平和居住环境带来巨大的变化。

1.人口城镇化水平

2016年,青海省全省的常住人口共有593.46万人(见表4-9),其中城镇人口有306.4万人,乡村人口287.06万人,但从2000年到2016年的人口变化中,我们可以看出,城镇人口的比重逐渐递增,乡村人口逐渐减少。2000年到2016年,农村人口所占比重由65%下降到48%,与此相反的是,市镇人口占常住人口的比重在不断增加,从2000年34.7%增加到2016年的51.6%。17年的时间,城镇人口的比重上升了16.9个百分点。

表4-9　2000—2016年青海省人口比重变化表

年份	年末常住人口/万人	城镇人口/万人	乡村人口/万人	城镇人口比重/%	农村人口比重/%
2000	516.50	179.54	336.96	34.8	65.2
2001	523.10	190.00	333.10	36.3	63.7
2002	528.60	199.16	329.44	37.7	62.3
2003	533.80	203.80	330.00	38.2	61.8
2004	538.60	207.51	331.09	38.5	61.5
2005	543.20	213.21	329.99	39.2	60.8
2006	547.70	215.02	332.68	39.2	60.8
2007	551.60	221.02	330.58	40.0	60.0
2008	554.30	226.49	327.81	40.8	59.2
2009	557.30	233.51	323.79	41.9	58.1
2010	563.47	251.98	311.49	44.7	55.3
2011	568.17	262.62	305.55	46.2	53.8
2012	573.17	271.92	301.25	47.4	52.3
2013	577.79	280.30	297.49	48.5	51.5
2014	583.42	290.40	293.02	49.8	50.2
2015	588.43	295.98	292.45	50.3	49.7
2016	593.46	306.40	287.06	51.6	48.4

2.经济城镇化水平

随着青海省经济建设的不断发展,青海省城镇规模也在不断扩大。青海省全省地区生产总值由2000年的263.68亿元,增长到了2016年的2572.49亿元。根据表4-10,从2000年到2016年,第一产业的贡献率从2000年的15.2%下降到2016年的8.6%,第二产业的贡献率从2000年的41.3%增长到了2016年的48.6%,第三产业的贡献率从2000年的43.5%到2016年的42.8%,呈递减趋势。

表4-10　2000—2016年青海省地区生产总值与三大产业贡献率

年份	地区生产总值/亿元	第一产业贡献率/%	第二产业贡献率/%	第三产业贡献率/%
2000	263.68	15.2	41.3	43.5
2001	300.13	14.9	41.7	43.4
2002	340.65	13.9	42.4	43.7
2003	390.2	12.4	44.1	43.5
2004	466.1	13	45.4	41.6
2005	543.32	12	48.7	39.3
2006	648.5	10.4	51.2	38.4
2007	797.35	10.5	52.5	37
2008	1018.62	10.4	54.7	34.9
2009	1081.27	9.9	53.2	36.9
2010	1350.43	10	55.1	34.9
2011	1670.44	9.3	58.4	32.3
2012	1893.54	9.3	57.7	33
2013	2122.06	9.6	54.3	36.1
2014	2303.32	9.4	53.6	37
2015	2417.05	8.6	50	41.4
2016	2572.49	8.6	48.6	42.8

四、生态文明建设现状与面临的挑战

(一)生态文明建设现状

自中华人民共和国成立以来,青海省实施了农业合作化、兴修水利、营造防护林带,防治水土流失、保护农牧业和农牧区一系列建设活动,来保护青海省的生态环境。1973年青海省在第五个五年计划中,就已经将环境保护列入计划之中。2005年1月26日,国务院正式批准实施《青海省三江源自然保护区生态保护和建设总体规划》,青海省的生态保护和生态建设进入了一个新的历史时期。

（二）生态文明建设面临的挑战

1.矿产资源方面

青海省是一个资源型的省份,自然资源种类多样化,利用率极高。这些自然资源在青海省社会和经济发展中起到了支柱作用。但是随着经济的发展,矿产资源逐渐出现了供不应求的情况,所以需要继续探索能够替代的新能源。对新能源的利用主要体现在塑料大棚、太阳能和风能发电等方面,尤其在河湟谷地对塑料大棚的使用,完美地克服了无霜期短和气候温度低等不利于农作物生长的因素。但青海省在对新能源的利用上,仍然存在方式单一、范围狭隘等突出问题。

2.生态环境保护方面

在过去的生态文明建设过程中,青海省的生态环境建设与保护取得了一定成绩,局部的自然环境也得到了好转,但由于青海省属于高原地区,地广人稀,寒冷、干旱,自然条件差,生态环境建设难度较大。再加上青藏高原地区自然资源的特殊性,资源不能合理开发利用,致使全省生态环境恶化的趋势尚未从根本上得到遏制,仍然存在较多的问题。生态文明建设还将是青海省未来发展的重中之重。

第三节　宁夏回族自治区生态经济系统运行特征

一、区位基本特征

（一）地理特征

宁夏回族自治区有5个地级市,包括22个县、市(区),总占地面积6.64万平方千米,是全国最大的回族聚居区。

1.地貌复杂

宁夏回族自治区地貌复杂,有山地、盆地、高原、台地、平原等地形,根据地形分成不同的地区,其中包括黄土高原、鄂尔多斯台地、洪积冲积平原和六盘山、罗山、贺兰山南北中三段山地。总之,宁夏回族自治区地形多样且复杂,各种不同的地形地貌也是该地区的主要特色。

2.三大区域

宁夏回族自治区可根据地形和自然环境的不同分为以下三部分：一是引黄灌区，处于宁夏回族自治区北部，该地区有得天独厚的地理优势，土地肥沃且地势平坦，被称为"塞上江南"；二是干旱区，主要分布在中部，降水较少导致此地严重缺水，生存条件较艰苦；三是南部的山区，丘陵较多，部分地区阴湿寒冷。

（二）生态环境状况

1.农业发达且旅游资源丰富

一是农业资源。宁夏回族自治区耕地面积大，到2016年末共有1650万亩耕地，是全国耕地面积第二大省份。其中有790万亩引黄灌溉，是全国12个商品粮生产基地之一。有草场3665万亩（209.01万公顷），是全国十大牧区之一。

二是旅游资源。宁夏回族自治区多样化的地形地貌，还有古老的黄河文明和历史文化都推动了旅游业的发展。贺兰山、六盘山、黄河沙湖、沙坡头、西夏王陵、将台堡、镇北堡、古长城等各具特色的山水都推动着该地区旅游资源的发展。

2.自然保护区范围较广

宁夏回族自治区自然保护区分为自然生态系统类和自然遗迹类。自然生态系统包含森林生态系统、草原与草甸生态系统、荒漠生态系统、内陆湿地和水域生态系统；自然遗迹有地质遗迹。保护区涵盖了该地区不同的地形地貌，种类多且范围广。

二、人口分布特征

1.人口密度呈现北部和南部多中部少的趋势

由表4-11可知，银川市、石嘴山市、吴忠市、固原市、中卫市人口比重分别是全区的32.47%、11.78%、20.57%、18.08%和17.10%。从人口密度看，经济比较发达的地区人口数量较多；石嘴山市的城镇人口比重占74.41%，城镇化率最高；其次是银川市，城镇化率达到56.29%；固原市城镇人口比重只有34.75%，相比石嘴山市和银川市有一定差距。宁夏回族自治区的人口密度划分为北部高密集区、中部稀疏区和南部中高密集区。北部的银川市和石嘴山市地区地理位置优越，生态环境较好，经济发展较快，人口较密集。南部的固原市地区属于六盘山山区，是半干旱地区与干旱地区的过渡地带，经济发展水平落后，人口密度次之。中部的中卫市光照充足，但是土地资源沙漠化、盐碱化较严重，不适宜人类居住，人口密度最小。

表4-11　宁夏回族自治区各市人口密度(2016年)

行政区	人口 /万人	占全区人口 比重/%	人口密度 /人·km⁻²	城镇人口 /万人	城镇人口 比重/%
银川市	219.11	32.47	246.89	165.85	56.21
石嘴山市	79.51	11.78	152.67	59.16	74.41
吴忠市	138.85	20.57	64.83	66.44	47.85
固原市	122.04	18.08	90.74	42.41	34.75
中卫市	115.37	17.10	66.13	46.01	39.88

2.市域内部人口的分布特征

人口分布的研究一般用统计方法进行定量的分析,但利用地理信息系统,可以将人口分布特征更加形象地表示,以下以宁夏回族自治区18个市、县的人口密度为指标,做出宁夏回族自治区人口密度表。

表4-12　宁夏回族自治区18个市、县人口密度(2016年)

宁夏回族自治区各地区	人口密度(人/km²)	地理位置
石嘴山市市辖区	50~100	北部
平罗县	100~200	北部
贺兰县	100~200	北部
银川市市辖区	>200	北部
永宁县	100~200	北部
青铜峡市	100~200	北部
吴忠市市辖区	<50	北部
中宁县	50~100	中部
中卫市	50~100	西部、中部
灵武市	50~100	中部
盐池县	<50	东部、中部
同心县	50~100	中部
海原县	50~100	中部
西吉县	100~200	南部
固原市市辖区	>200	南部
彭阳县	50~100	南部
隆德县	100~200	南部
泾源县	50~100	南部

由表4-12可知,宁夏回族自治区南部和北部的人口密度最大,西部和中部人口密度次之,东部地区人口密度最小。其中高密度单元主要分布在宁夏回族自治区的固原市和银川市。中高密度单元分布于平罗县、贺兰县、永宁县、青铜峡市、西吉县和隆德县;中低密度单元主要位于宁夏回族自治区中部,这部分比例较大,主要在灵武市、中宁县、中卫市、同心县、海原县、彭阳县和泾源县这些地区。低密度单元所占面积较小,只有吴忠市和盐池县。由此可以看出,人口密度大的地区主要分布在宁夏回族自治区的南部和北部,这与宁夏回族自治区的地形及地理环境也有很大关系。由于宁夏回族自治区有沙漠等不适合居住的地表形态,比如宁夏回族自治区西边的腾格里沙漠,东边的毛乌素沙漠等,这就导致了沙漠地区的人口密度很小;银川、石嘴山等城市的人口就比较多,人口密度相对其他地区也很大;农村的人口密度也比较小。

3.人口分布的均衡性低

截至2016年底,宁夏回族自治区人口达到675万人,其中城镇人口380万人,占全省总人口比重为56.30%。洛伦兹曲线可以反映一个国家或地区的财富不平等状况,在此引用洛伦兹曲线分析人口分布的不均衡性,曲线的弯曲程度反映人口分布的均衡情况。洛伦兹曲线弯曲程度越小,人口分布越均匀。图4-8以宁夏回族自治区18个县级区域为研究对象,以土地面积累计百分比为横坐标,人口累计百分比为纵坐标,生成洛伦兹曲线。

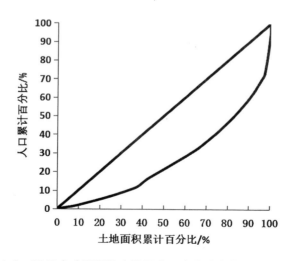

图4-8　2016年宁夏回族自治区人口密度分布洛伦兹曲线

由图4-8可知,洛伦兹曲线严重偏离对角线,弯曲程度较大,这表明宁夏回族自治区的人口分布很不均衡。当土地面积累计百分比达到36.6%时,人口累计百分比为11%,对应地区的人口密度小于30人/km²,主要分布在盐池县和吴忠市,这两个地区的面积较大,但由于地形和地理条件因素的影响,这些地区的人口密度较小。在洛伦兹曲线中间位置,当土地面积累计百分比达到95%时,人口累计百分比为69%,此时的人口密度已达到160人/km²,对应地区主要位于贺兰县和隆德县等,而人口密度最大的地区是银川市和固原市,由此可以看出,大多数人聚集在经济发达、环境优美的地区。

4.民族特征显著

宁夏回族自治区是回族的主要聚集地,2016年底拥有回族人口244.13万人,汉族人口425.02万人。将该地区人口按性别区分,其中男性343.26万人,女性331.63万人。宁夏回族自治区的总面积为6.64万平方千米,2016年底总人口674.90万人,所以人口密度为每平方千米101.64人。

表4-13　　　2016年宁夏回族自治区人口构成

地级市	汉族人口/万人	回族人口/万人	其他民族人口/万人	回族人口比重/%
银川市	158.79	56.37	3.94	25.73
石嘴山市	61.17	17.41	0.93	21.90
吴忠市	65.06	73.35	0.44	52.83
固原市	65.29	56.63	0.11	46.41
中卫市	74.71	40.37	0.28	34.99

从表4-13可以看出,宁夏回族自治区民族构成中主要包含汉族和回族。宁夏回族自治区作为回族的聚集地,回族人口在该地区占了很大比例,其中吴忠市回族人口占52.83%,是5个地级市中回族人数最多的市;其次是固原市,回族人口占比46.41%。这两个地级市的回族人数差不多占了总人口的一半。相比之下,石嘴山市和银川市的回族人口占比较小,分别为21.90%和25.73%。

三、经济发展状况

（一）经济发展水平

1978年到2016年宁夏回族自治区历年的生产总值曲线图,如图4-9所示,呈S形带状分布。

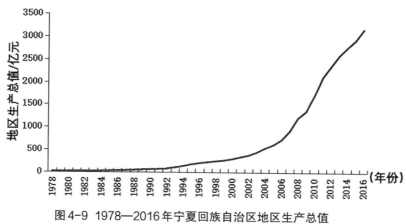

图4-9 1978—2016年宁夏回族自治区地区生产总值

从图4-9可以看出,宁夏回族自治区的地区生产总值不断增加,2016年底生产总值达到3168.59亿元,但和全国其他省份相比,宁夏回族自治区地区生产总值排名倒数第三,仅高于西藏自治区和青海省。宁夏回族自治区的人均地区生产总值为47194元,相比全国排名位于中间。可以看出,宁夏回族自治区经济有一定的发展,但和全国相比还是有很大差距。

1.县域单元经济发展不平衡

从图4-10可以看出,银川市的第一产业、第二产业和第三产业的生产总值在全区都排在第一,作为宁夏回族自治区的首府,它在经济方面取得了很好成果,尤其是第三产业产值已经达到了604.04亿元;泾源县的第一产业、第二产业和第三产业产值在全区中都是最低的。相比第一产业和第二产业,宁夏回族自治区的第三产业产值在地区生产总值中占比较大,贡献突出。据2017年宁夏回族自治区成立60周年系列新闻发布会报道,2017年宁夏回族自治区三次产业结构进行调整,第三产业比

91

重首次超过第二产业,高技术产业能源占比提高,可再生能源电力消耗量占宁夏回族自治区的21.0%,位居全国第一。

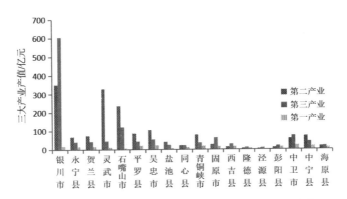

图4-10　2016年宁夏回族自治区各县域单元三大产业产值

为了将各地区不同产业的情况更清晰地反映,根据2016年宁夏回族自治区18个地区的产业值,做出表4-14、表4-15、表4-16。

表4-14　宁夏回族自治区第一产业产值(2016年)

地区	第一产业产值/亿元
石嘴山市市辖区	<5
平罗县	15~20
贺兰县	15~20
银川市市辖区	15~20
永宁县	10~15
青铜峡市	15~20
吴忠市市辖区	>20
中宁县	15~20
中卫市	>20
灵武市	<5
盐池县	<5
同心县	10~15
海原县	10~15

地区	第一产业产值/亿元
西吉县	10~15
固原市市辖区	10~15
彭阳县	10~15
隆德县	5~10
泾源县	<5

通过表4-14把宁夏回族自治区第一产业值分成不同等级,从表4-14可以看出,吴忠市和中卫市的第一产业产值都高于20亿元,都属于产值最大的地区。泾源县第一产业产值仅为2.58亿元,明显低于其他地区。第一产业值在10亿~20亿元的地区包括银川市、永宁县、贺兰县等11个地区。

表4-15 宁夏回族自治区第二产业产值(2016年)

地区	第二产业产值/亿元
石嘴山市市辖区	>100
平罗县	50~100
贺兰县	50~100
银川市市辖区	>100
永宁县	50~100
青铜峡市	50~100
吴忠市市辖区	50~100
中宁县	50~100
中卫市	50~100
灵武市	>100
盐池县	10~50
同心县	10~50
海原县	10~50
西吉县	10~50
固原市市辖区	10~50
彭阳县	10~50
隆德县	<10
泾源县	<10

从表4-15可以看出,灵武市、银川市和石嘴山市的第二产业产值都大于100亿元,远远高于其他地区。其次,在10亿~50亿元的地区有盐池县、同心县、海原县、固原市、西吉县和彭阳县。在50亿~100亿元的地区有中卫市和中宁县等7个地区,而泾源县、隆德县的第二产业产值均小于10亿元。

银川市第三产业产值占宁夏回族自治区第三产业产值的46%,该市和石嘴山市的第三产业产值都大于120亿元,远远高于其他地区。

表4-16　宁夏回族自治区第三产业产值(2016年)

地区	第三产业产值(亿元)
石嘴山市市辖区	>120
平罗县	10~50
贺兰县	10~50
银川市市辖区	>120
永宁县	10~50
青铜峡市	10~50
吴忠市市辖区	50~120
中宁县	10~50
中卫市	50~120
灵武市	10~50
盐池县	10~50
同心县	10~50
海原县	10~50
西吉县	10~50
固原市市辖区	50~120
彭阳县	10~50
隆德县	10~50
泾源县	<10

表4-16中第三产业产值在10亿~50亿元的地区有同心县和海原县等12个地区。而泾源县的第三产业产值在宁夏回族自治区中仍是最低的,只有7亿元左右。

2.市域经济发展状况

在五个地级市中,银川市经济发展最为迅速,该市是宁夏回族自治区军事、政治、经济、文化、科研、交通和金融中心,2016年该市生产总值达到1617.28亿元。石嘴山市作为宁夏回族自治区的煤炭资源型工业城市,2016年该市生产总值为482.40亿元,位居第二。吴忠市地处宁夏回族自治区中部,得天独厚的地理位置让其有很好的发展,2016年地区生产总值为403.90亿元。中卫市位于宁夏回族自治区中西部,总面积为1.7万平方千米,2016年地区生产总值为316.6亿元。

(二)城市化发展进程

城市化过程是一个动态的过程,涉及经济、社会、生态、文化多个方面,宁夏回族自治区矿产资源丰富,工业实力相对西北其他城市比较强。近年来,随着工业化进程的加快,宁夏回族自治区的城市化进程也相对较快。因此我们用人口城镇化、经济城镇化来描述宁夏回族自治区的城市化进程。

1.人口城镇化水平

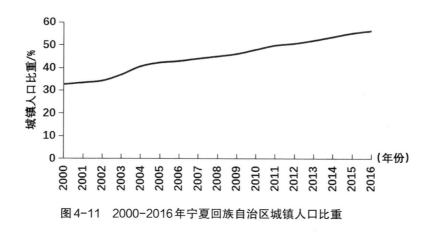

图4-11　2000-2016年宁夏回族自治区城镇人口比重

人口城镇化通常是指随着城市的扩大,乡村人口不断向城镇转移,乡村地区转变为城镇地区,从而导致乡村人口逐渐减少。乡村人口开始到城镇就业,城镇人口逐渐增多,城乡结构发生变化。

由图4-11可知,2000年到2016年宁夏回族自治区城镇人口比重是一条上升趋势的曲线。2000年,宁夏回族自治区总人口为554.32万人,其中城镇人口180.38万人,城镇化率为32.54%。到2016年,宁夏回族自治区总人口674.89万人,其中城镇人口379.8万人,城镇化率达到56.28%。宁夏回族自治区城镇化率低于全国的城镇化率57.35%,但与西北其他省份相比城镇化率较高。随着城市化进程的加快,产业就业人数及比重发生了变化,第一产业就业人数占比为51.12%,第二产业就业人数占比为18.70%,第三产业就业人数占比为30.18%,第三产业就业人数比重有所增加。

2.经济城镇化水平

一个地区经济的发展可以加速城镇化的进程,而工业化的发展在经济发展中必不可少,最终也将带动第三产业的快速发展[107]。因此该地区的生产总值以及第一、二、三产业的比重可以用来衡量经济城镇化的水平。本书从生产总值和三大产业结构两方面来反映宁夏回族自治区经济城镇化水平。

由表4-17可知,宁夏回族自治区的经济自2000年以来增长迅速,地区生产总值从2000年的263.68亿元增长为2015年的2417.05亿元,增长了约8.17倍。第一产业比重由2000年的15.2%到2016年的8.6%,处于不断下降的趋势。第二产业比重由2000年的41.3%到2016年的50%,比重有增加也有减少。第三产业比重由2000年的43.5%到2016年的41.4%,产业比重与第二产业相似。

表4-17　2000—2015年宁夏回族自治区生产总值及三大产业比重

年份	地区生产总值/亿元	第一产业贡献率/%	第二产业贡献率/%	第三产业贡献率%
2000	263.68	15.20	41.30	43.50
2001	300.13	14.90	41.70	43.40
2002	340.65	13.90	42.40	43.70
2003	390.20	12.40	44.10	43.50
2004	466.10	13.00	45.40	41.60
2005	543.32	12.00	48.70	39.30
2006	648.50	10.40	51.20	38.40
2007	797.35	10.50	52.50	37.00
2008	1018.62	10.40	54.70	34.90
2009	1081.27	9.90	53.20	36.90

年份	地区生产总值 /亿元	第一产业 贡献率/%	第二产业 贡献率/%	第三产业 贡献率%
2010	1350.43	10.00	55.10	34.90
2011	1670.44	9.30	58.40	32.30
2012	1893.54	9.30	57.70	33.00
2013	2122.06	9.60	54.30	36.10
2014	2303.32	9.40	53.60	37.00
2015	2417.05	8.60	50.00	41.40

总体而言,宁夏回族自治区城镇化发展的特点为人口城镇化水平低于全国平均水平,但与西北其他地区相比,人口城镇化水平较高,经济发展速度较快。宁夏回族自治区的不足之处有:产业结构有待提高,城市数量较少,小城镇发展规模较小,基础设施落后,人民生活水平有待提高。

四、生态文明建设现状与面临的挑战

生态文明是人类遵守人与自然和谐相处这一规律而取得的社会成果。宁夏回族自治区生态文明建设的目标就是在通过合理的产业结构发展经济的同时保护好生态环境,最终把宁夏回族自治区建设成为我国西部生态文明示范区。就如习总书记所说的"绿水青山就是金山银山"[108]。

(一)生态文明建设现状

近年来,宁夏回族自治区颁布实施了一系列规划,其中包括2014年颁布实施的《宁夏回族自治区主体功能区规划》、2015年制定实施的《宁夏空间发展战略规划》及《宁夏空间发展战略规划条例》,这些文件的颁布和实施为宁夏回族自治区生态文明建设制定了规划,是宁夏回族自治区生态文明建设中的法定依据。到2017年,宁夏回族自治区森林覆盖率达到了14%,相比2010年提高了2.6个百分点,全区的森林面积达到了1091万亩,其中退耕还林面积达到了509万亩;此外,2017年空气质量优良天数比例达到了81.4%,PM2.5和PM10的年均浓度下降了11.4%、3.2%;黄河干流宁夏回族自治区出境断面在2017年首次达到Ⅱ类优水质。

（二）生态文明建设面临的挑战

1.生态环境脆弱

宁夏回族自治区属于生态脆弱区,生态资源存在着明显的劣势[108]。宁夏回族自治区所处的地理环境恶劣,且当地气候属典型的大陆性气候,这些自然环境都导致宁夏回族自治区的生态环境脆弱,植被稀疏、水土流失严重、森林资源匮乏。近年来,宁夏回族自治区坚持把生态建设作为社会经济发展的基础工程,加快"三北"防护林、天然林保护、退耕还林工程的实施。然而,由于宁夏回族自治区较干旱,自然灾害频发,自然生态环境十分脆弱,恢复较困难,有些地区在现有的技术条件下根本无法恢复,生态文明建设较为困难。

2.水资源缺乏

宁夏回族自治区降水量少,水资源较为贫乏,可利用水资源不充足。但由于宁夏回族自治区农业发展仍以传统模式为主,工业经济以资源加工为主且发展水平较低,人口增长速度加快,使得宁夏回族自治区本来就比较脆弱的生态环境变得更加脆弱,严重影响了宁夏回族自治区经济社会的可持续发展[109]。

3.生态移民问题

为了改善中南部地区人民生活水平,在"十二五"规划期间,宁夏回族自治区制定了生态移民政策。依据宁夏回族自治区自然环境和社会经济发展水平,将宁夏回族自治区划分为北部引黄灌区、中部干旱区和南部山区。北部引黄灌区地理位置优越,经济发展水平高,是宁夏回族自治区生态移民的安置区;中部沙漠化、土地盐碱化严重,是移民迁出区;南部生态环境脆弱,贫困县连片分布,为移民迁出区。然而在生态移民过程中又存在产业发展相对滞后、移民思想观念落后等方面的问题。

第四节　本章小结

总结本章定量分析内容可知甘、青、宁三省区在生态文明建设中的共有特征:

第一,甘、青、宁三省区生态环境均十分脆弱。

甘、青、宁三省区位于黄河中上游地区,属于我国西北地区,地势复杂,干旱少雨,为典型的干旱半干旱地区。甘、青、宁三省区植被覆盖率普遍较低,甘肃省森林覆盖率为11.28%,青海省仅为6.3%,宁夏回族自治区为14.6%。水资源匮乏,水土流失严重,草场退化,位列我国最脆弱的五大省区之中,甘、青、宁三省区地广人稀,土地总面积约为118.03万平方千米。人口密度约为全国平均水平的1/4,适宜人口居住的面积较少。部分地区自然条件极为恶劣,交通不便,基础设施落后。然而甘、青、宁三省区的生态问题却又各具特点,甘肃省主要是生态脆弱区,青海省体现在生态屏障方面,而宁夏回族自治区则是我国水土流失和土地沙漠化最为严重的地区之一。

第二,均呈现经济发展落后,居民收入水平整体不高的特征。2016年我国GDP总量为744127.4亿元,而当年甘肃省地区生产总值总量为7200.37亿元,位居全国第27位;青海省地区生产总量为2572.49亿元,位居全国第30位;宁夏回族自治区地区生产总值为3168.59亿元,位居全国第29位。2016年我国城镇居民人均可支配收入33616.2元,农村居民人均可支配收入12363.2元,而当年甘肃省城镇居民人均可支配收入为25693元(位居全国第31位),农村居民人均可支配收入7457元(位居全国第31位);青海省城镇居民人均可支配收入26757元(位居全国第27位),农村居民人均可支配收入8664元(位居全国第29位);宁夏回族自治区城镇居民人均可支配收入27153元(位居全国第26位),农村居民人均可支配收入9851.6元(位居全国第25位)。此外,2016年,我国城市镇水平为57.4%,而甘肃省、青海省的城镇化水平分别为44.69%、51.63%,分别位列31个省、市、自治区中的第29位、23位。

上述数据表明,甘、青、宁三省区的经济水平普遍较低,位于全国末尾位置,城乡居民收入水平整体不高,城镇化水平偏低。

第三,民族人口分布较多。

甘、青、宁三省区是全国少数民族最多,也是我国少数民族最为集中的区域,重要的地理位置和独特的民族分布对于国家安全的维护至关重要,青海省世代居住的少数民族主要有藏族、回族、土族、撒拉族和蒙古族,其中土族和撒拉族为青海省独有。宁夏回族自治区作为回族的聚集地,回族人口在该地区占了很大比例,其中吴忠市回族人口的比重高达52.83%。

第五章

甘、青、宁三省区生态安全现状及冲击因素分析

甘、青、宁三省区地处黄河上游,区位特征表现为经济欠发达,生态系统复杂、生态环境脆弱。由于深居内陆,荒漠广布,风沙较多,自然环境恶劣、地势地貌复杂等,加之早期实行粗犷的资源消耗性发展方式,使甘、青、宁三省区生态环境始终处于脆弱位置,生态修复与保护任务相对艰巨。在国家提出的全国"两屏三带"生态安全屏障建设中,甘、青、宁三省区同样处于至关重要的位置,是青藏高原生态屏障、黄土高原—川滇生态屏障以及北方防沙带的重要组成部分。由于甘、青、宁三省区生态环境对西北乃至全国生态环境具有重要意义,其生态环境的好坏不仅影响自身的发展,也影响全国的生态安全。因此,研究甘、青、宁三省区的生态安全现状与特征、对其变动过程进行动态测评,进而量化经济活动对生态安全的冲击作用,对西北生态屏障区与生态脆弱区生态文明建设具有理论指导意义[110~112]。

第一节 甘、青、宁三省区生态安全现状与特征

一、研究内容

(一)生态安全界定

生态安全最早是由莱斯特·R.布朗提出来的[61]。广义上生态安全包括自然生态安全、经济生态安全和社会生态安全;狭义生态安全包括自然和半自然系统的安全。本章基于狭义生态安全概念的界定,从生态足迹和生态承载力角度探讨生态脆弱区——甘、青、宁三省区的生态安全现状,并从生态供给与经济需求两个角度,对甘、青、宁三省区的生态经济系统供需平衡状况进行综合评价,并以此作为衡量区域生态与经济协调程度的重要标志。

（二）生态安全指标及测算

生态安全的量化评估选取生态足迹与生态压力指数两个指标,定量展示甘、青、宁三省区生态安全现状及动态特征。

由生态足迹指标反映人类活动的生态需求,关注其变动走势,进而监控生态经济系统运行的安全性。在生态足迹的测算中,借鉴了国内生产总值核算中的国土原则和产品法,对甘、青、宁三省区1978—2016年的各种生物资源和能源资源分类计算得到各种生物生产面积类型并进行汇总,通过均衡因子调整后,得到甘、青、宁三省区1978—2016年的生态足迹时间序列。

由生态承载力指标反映地区生态供给能力的大小,在生态承载力的计算过程中,扣除12%的生物生产性土地面积,用于生物多样性的保护,得到甘、青、宁三省区1978—2016年的生态承载力时间序列。

由生态压力指数度量人类活动的生态供需比,由生态足迹数据与生态承载力数据测算获得,根据供需比的差异度,界定区域生态安全状态并给出预警指示。报告首先结合生态足迹发展特征及区域生态环境和社会经济发展状况,确定生态压力指数的阈值,进而确定生态安全等级[113]。根据生态压力指数取值范围的不同,将生态安全等级划分为6个等级。生态安全等级越高,区域生态安全状况越弱,反之则越强。见表5-1(注:表5-1只是经验评价结果,作为报告生态安全等级划分的参考)。

表5-1　甘、青、宁三省区生态安全等级划分

	生态安全等级	生态压力指数范围	生态安全预警等级	预警程度
1	安全	<0.5	0	无警
2	较安全	0.5～0.9	1	警戒
3	临界	0.9～1.1	2	轻警
4	不安全	1.1～1.5	3	中警
5	很不安全	1.5～3.0	4	重警
6	极不安全	>3.0	5	巨警

根据生态压力指数计算得出甘、青、宁三省区所处的安全等级后,结合我国经济发展战略性规划与阶段发展特征,将1978—2016年划分为8个时间区间,以直观具体描述甘、青、宁三省区生态安全状态变化的阶段性特征及经济系统发展模式的内在关联特征。

（三）生态供求角度的生态安全影响因素解析

生态系统服务供给和需求核算是联结各类生态系统服务表征因子与城市生态安全格局评估量化的纽带[114]。本书通过核算生态系统服务表征因子的综合集成，核算区域总的生态系统服务的供给——生态承载力，需求——生态足迹，一旦生态承载力值大于生态足迹值，即供给大于需求，则区域处于生态安全稳定的状态，反之，则表示区域生态安全受到不同程度的威胁，面临着生态风险。基于此，本书从生态供求角度分析甘肃省的生态安全现状，进而挖掘甘、青、宁三省区生态供求动态发展的内在驱动力，以寻求区域生态相对安全的制衡点，以期为甘、青、宁三省区生态安全、经济可持续发展提供定量决策依据。

二、甘肃省生态安全现状与特征

（一）生态足迹变动特征

通过计算得到甘肃省1978—2016年的生态足迹数据，见附表3。可知，2016年甘肃省人均生态足迹为2.851公顷，人均生态承载力为1.212公顷，人均生态赤字为1.639公顷；2011—2016年甘肃省人均生态足迹的平均值为2.740公顷，人均生态承载力的平均值为1.218公顷，人均生态赤字的平均值为1.522公顷，说明甘肃省的生产活动已经超出了自然生态系统的供给能力。这与甘肃省生态承载力低下、自然条件恶劣等生态环境脆弱的现状有关。也就是说，就当前人口而言，甘肃省需要2倍于甘肃省的生物生产性土地利用面积，来供给生活与发展所需的资源及吸收所排放的二氧化碳。由图5-1的数据可知，甘肃省人均生态足迹与人均生态承载力均较低，且生态赤字过大，其生态经济系统属于生态不可持续发展状态。

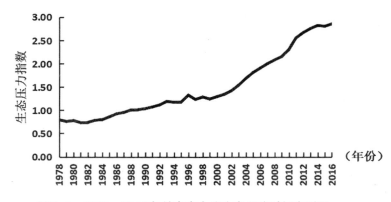

图5-1　1978—2016年甘肃省人均生态足迹时间序列图

图5-1为甘肃省1978—2016年的人均生态足迹图。总体看来,在整个时间序列的研究期内,甘肃省人均生态足迹快速波动上升,最低值为1978年的0.800,最高值为2015年的2.518。从附表3来看,1978—2000年,甘肃省的人均生态足迹呈现稳定增长趋势,而到了2000年以后,伴随着经济的快速发展,人均生态足迹也以较高的增长率增长,到了2016年甘肃省的人均生态足迹达到了2.851。

(二)生态承载力变动特征

图5-2为甘肃省1978—2016年的人均生态承载力图(具体数据见附表4),总体看来,研究期内生态承载力呈现出先降低后曲折升高的趋势。最高值为1978年的1.234,最低值为1994年的0.974。从附表3来看,1978—1994年,人均生态承载力呈现下降趋势,而从1994年到研究期结束,人均生态承载力呈现曲折上升趋势,其中2009—2016年,人均生态承载力均维持在1.213~1.226,人均生态承载力现状维持良好。

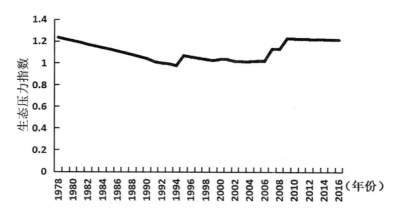

图5-2　1978—2016年甘肃省人均生态承载力时间序列图

(三)生态压力指数变动特征

由1978—2016年的生态足迹与生态承载力数据,计算得出甘肃省不同时期平均生态压力指数,进而得出不同时间段甘肃省所处的生态安全等级,见表5-2。

由表5-2可知,甘肃省生态压力指数逐年递增,具体来看,甘肃省在1978—1985年,生态安全等级处于较安全状态;而在1986—1990年,生态安全等级处于临界安全状态,在此期间内,地区生产总值的增长率为7.25%,经济发展迅速;1991—1995

年,地区生产总值的增长较快,此时生态安全等级处于不安全状态;生态安全等级处于很不安全状态;1996—2016年生态压力较大,由此可以看出经济增长是以牺牲生态环境质量为代价的。

从生态压力安全指数的构造来看,要想缓解甘肃省的生态压力,可以从减小生态足迹和增大生态承载力两个方面入手,换句话说,可从生态供给和需求两个角度寻求导致生态压力指数波动的驱动因子、探究改善甘肃省生态安全状况的路径。本章节的以下部分将从生态供给和需求两个角度探讨甘肃省的生态安全问题。

表5-2   1978—2016年甘肃省生态压力指数及安全等级

年份区间	平均生态压力指数	安全等级
1978—1980	0.6374	2
1981—1985	0.6786	2
1986—1990	0.9222	3
1991—1995	1.1399	4
1996—2000	1.2332	4
2001—2005	1.5331	5
2006—2010	1.8234	5
2011—2016	2.2504	5

(四)甘肃省生态保护红线制定及执行情况

1.甘肃省的生态安全主要防护任务

甘肃省生态安全的防护任务主要概括为湿地退化修复与保护、荒漠化和沙化综合治理、水土流失综合治理、文化遗产生态保护建设几个方面。

(1)湿地退化修复与保护

由甘肃省第二次湿地资源调查情况可知,全省湿地总面积为169.39万公顷,而受到有效保护的湿地面积仅占湿地总面积的51.56%。近年来甘肃省推出"生态湿地保护综合治理""自然保护区建设保护"等措施,从生态保护与修复、农牧民生活生产设施、保护支撑体系三个方面进行重点建设,使湿地生态系统治理与保护得到初步恢复。

（2）荒漠化和沙化综合治理

甘肃省是我国荒漠化和沙化土地面积最大、危害较严重的地区之一。荒漠化和沙化是影响干旱、半干旱地区社会经济发展的重要因素。著名的腾格里沙漠、巴丹吉林沙漠在甘肃省境内均有延伸。甘肃省荒漠化和沙化问题已不单单是一个生态环境的问题，而是经济和社会发展问题。近年来，随着国家政策的出台，荒漠化和沙化治理已被纳入生态保护与建设规划中。

（3）水土流失综合治理

甘肃省是我国水土流失最为严重的省份之一，水土流失面积为38.62万公顷，占土地总面积的91%。黄土高原地区土壤地质疏松、地质结构破碎、植被覆盖率差导致水土流失在该区域容易发生，黄土高原地区也成为甘肃省水土流失面积最大、最严重的地区。

（4）文化遗产生态保护建设

甘肃省虽然经济欠发达，但文化资源比较丰富。甘肃省的文化资源在我国居于前5的位置，拥有民族文化、经典文化、历史遗产和旅游文化四类文化资源，是我国重要的民族文化资源宝库。甘肃省拥有敦煌莫高窟、天水麦积山石窟、嘉峪关等古代文化遗址7000多处，被誉为"石窟艺术之乡"。

2.现有生态保护红线划定情况

划定生态保护红线的目的就是要保护那些具有特殊重要生态功能、必须强制性严格保护的区域，生态保护红线的划定对于维持生态平衡具有重大的意义。

甘肃省生态保护红线主要包括水源涵养区、生物多样性维护区、水土保持区、防风固沙区、禁止开发区五个功能区。祁连山、甘肃省东部的陇南山地和甘南玛曲为水源涵养区域；河西地区的民勤县、金塔县、瓜州县和巴丹吉林沙漠边缘、腾格里沙漠、库姆塔格沙漠等区域为防风固沙区；庆阳、平凉、定西、临夏、天水等市一些处于黄土高原沟壑区的县区为水土保持区；生态环境状况比较良好的地区，比如榆中兴隆山、肃南祁连山以及甘肃省森林连片密布区、湿地分布区如武威、酒泉、甘南的部分地区为生物多样性维护区；国家公园，省级以上自然保护区、风景名胜区、森林公园、地质公园、饮用水水源地，以及重要湿地、一级国家级公益林、雪山冰川为禁止开发区。

3.相关制度保障情况

自2017年以来，甘肃省以县域为单元，分两批开展了生态保护红线划定工作。2017年完成了第一批河西5市和兰州市各县域红线划定任务，并在此基础上编制完成了《甘肃祁连山地区生态保护红线划定方案》。按照国家生态保护红线工作部署，2019年起，甘肃省生态环境厅和自然资源厅联合开展生态保护红线勘界定标工作，勘定全省红线边界、走向和拐点坐标，设立统一规范的标志标牌，确保红线空间明确、边界清晰。

三、青海省生态安全现状与特征

（一）生态足迹变动特征

青海省1978—2016年的生态足迹测算结果和人均生态承载力结果见附表5、附表6。由附表5和附表6可知，2016年青海省人均生态足迹为3.153公顷，人均生态承载力为1.824公顷，人均生态赤字为1.328公顷；2011—2016年青海省人均生态足迹的平均值为3.013公顷，人均生态承载力的平均值为1.850公顷，人均生态赤字的平均值为1.163公顷。由数据可知，青海省人均生态足迹与人均生态承载力均较低，且生态赤字较大，其生态经济系统属于生态不健康发展状态。

图5-3为青海省1978年到2016年的人均生态足迹图，总体看来，青海省的人均生态足迹呈现出两种阶段：稳定和波动上升。具体看来，从1978年到1986年，青海省的人均生态足迹呈现稳定趋势，从1978年的1.004逐步上升到1986年的1.129，增长率为12.45%，增长幅度较小，人均生态足迹变化较为稳定。而到1987年青海省人均生态足迹经历了短暂的下降后，伴随着经济的快速发展，1988—2014年人均生态足迹虽有小幅度的波动，但整体仍呈现增长状态。十八大提出生态文明建设以来，青海省的人均生态足迹有所下降。2015年青海省人均生态足迹由2014年的3.080下降到2.876。到了2016年青海省的人均生态足迹达到了3.153，生态压力较为严峻。

图5-3　1978—2016年青海省人均生态足迹时间序列图

（二）生态承载力变动特征

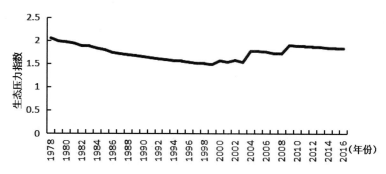

图5-4　1978—2016年青海省人均生态承载力时间序列图

图5-4为青海省1978—2016年的人均生态承载力图,总体看来,青海省人均生态承载力呈现出先下降后波动的上升态势。具体看来,1978—1999年,青海省人均生态承载力呈直线下降趋势,且下降幅度较大,由1978年的2.050下降到1999年的1.484,2000年到研究期结束,人均生态承载力有所恢复,呈现波动上升趋势。

（三）生态压力指数变动特征

由1978—2016年的生态足迹与生态承载力数据(见附表5和附表6),计算得出青海省不同时期平均生态压力指数,进而得出不同时间段青海省所处的生态安全等级,见表5-3。

表5-3　1978—2016年青海省生态压力指数及安全等级

年份区间	平均生态压力指数	安全等级
1978—1980	0.5047	2
1981—1985	0.5667	2
1986—1990	0.7246	2
1991—1995	0.7793	2
1996—2000	0.9560	3
2001—2005	1.0351	3
2006—2010	1.2963	4
2011—2016	1.6289	5

由表5-3可知,青海省处于较安全等级的时间阶段较长,生态经济系统前期运行较为平稳。具体来看,1978—1995年,生态安全等级处于较安全状态,区域生态压力较小;1996—2005年,生态安全等级处于临界状态,区域生态压力增大,而在此期间地区生产总值的增长幅度较大;2006—2010年生态安全等级处于不安全状态,平均压力指数达到1.2963;2011—2016年生态安全等级处于很不安全状态,生态压力指数达到1.6289,生态压力问题刻不容缓。

从生态压力安全指数的变化趋势来看,青海省的生态压力虽然较其他两省区较缓,但仍可从减小生态足迹和增大生态承载力两个方面入手进一步提高青海省的生态安全等级,可从生态供给和需求两个角度寻求导致生态压力指数波动的驱动因子,探究改善青海省生态安全状况的路径。

（四）青海省生态保护红线制定及其执行情况

1.青海省的生态安全主要防护任务

青海省在我国具有战略性的地位,尤其是生态保护方面的地位极其重要。三江源地区位于青藏高原腹地、青海省南部,该区域是长江、黄河和澜沧江三大河流的发源地,被誉为"中华水塔",是青海省独一无二的湿地生态系统。青海省是我国重要的生态屏障、北半球气候变化的调节区,直接影响我国乃至北半球的气候系统。独特的地形、复杂的地貌以及高寒气候,使得青海省既是生态脆弱区又是生态敏感区。因此青海省水源地和生态系统的保护,是青海省生态安全防护的主要任务。

2.现有生态保护红线划定情况

青海省科学划定森林、湿地、沙区植被、物种4条生态保护红线,并将划定的红线落实到地图上,接受社会监督。全省围绕三江源、青海湖、祁连山、柴达木盆地和东部黄土丘陵区五大生态空间布局,实施大绿化、培养大森林、推动大保护、发展大产业、繁荣大文化五大活动,加强重大生态工程的建设,确保"中华水塔"安然无恙。

3.相关制度保障情况

青海省坚持以建设生态文明为目标,改善生态、改善民生为总任务,在划定的4条生态保护红线的基础上,积极推动沙化土地封禁保护制度、湿地保护制度、生态补偿制度等措施。同时青海省抓好三北五期、退耕还林、天然林保护这些重点工程的建设,重点实施三江源生态保护、祁连山生态保护等治理工程,巩固生态安全屏障。

四、宁夏回族自治区生态安全现状与特征

（一）生态足迹变动特征

宁夏回族自治区1978—2016年的生态足迹测算结果和人均生态承载力结果见附表7、附表8。由附表7、附表8可知，2016年宁夏回族自治区人均生态足迹为8.447公顷，人均生态承载力为1.098公顷，人均生态赤字为7.349公顷；2011—2016年宁夏回族自治区人均生态足迹的平均值为8.121公顷，人均生态承载力的平均值为1.114公顷，人均生态赤字的平均值为7.007公顷。也就是说，就当前人口而言，宁夏回族自治区需要7倍于宁夏的生物生产性土地利用面积，来供给生活与发展所需的资源及吸收所排放的二氧化碳。由数据可知，宁夏回族自治区人均生态足迹与人均生态承载力均较低，且生态赤字极大，其生态经济系统属于生态不可持续发展状态。

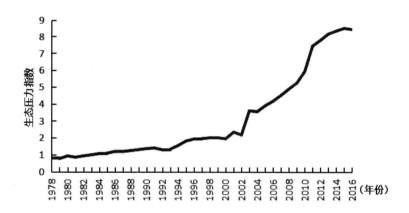

图5-5　1978—2016年宁夏回族自治区人均生态足迹时间序列图

图5-5为宁夏回族自治区1978—2016年的人均生态足迹图。由图可知，宁夏回族自治区人均生态足迹总趋势呈现不断上升态势，且上升速度极快，1994年比1978年人均生态足迹增加了近一倍；而到2000年，伴随着经济的快速发展，宁夏回族自治区人均生态足迹增长速度极快，到了2016年，宁夏回族自治区的人均生态足迹达到了8.447公顷，生态压力极大，生态处于极不安全状态。

（二）生态承载力变动特征

图5-6为宁夏回族自治区1978—2016年的人均生态承载力图。总体看来，宁夏

回族自治区人均生态承载力在研究期内的波动较大,生态经济系统处于极不稳定状态。具体看来,1978—1994年,人均生态承载力下降幅度较大;1994—1999年,人均生态承载力呈现上升趋势,且上升幅度较大;1999年以来,人均生态承载力在波动中下降;2010年后变化趋于稳定。

图5-6   1978—2016年宁夏回族自治区人均生态承载力时间序列图

(三)生态压力指数变动特征

由1978—2016年的生态足迹与生态承载力数据计算得出宁夏回族自治区不同时期平均生态压力指数,进而得出不同时间段宁夏回族自治区所处的生态安全等级,见表5-4。

表5-4   1978—2016年宁夏回族自治区生态压力指数及安全等级

年份区间	平均生态压力指数	安全等级
1978—1980	0.5690	2
1981—1985	0.7826	2
1986—1990	1.1368	4
1991—1995	1.3234	4
1996—2000	1.3008	4
2001—2005	2.8718	5
2006—2010	4.6303	6
2011—2016	7.2935	6

由表5-4可知,宁夏回族自治区在1978—1985年,生态安全等级处于较安全状态;1986—2000年,生态安全等级直接达到很不安全状态,在此区间的地区生产总值增幅较大,经济的快速发展导致宁夏回族自治区生态压力增大;2001—2005年,生态安全等级处于很不安全状态;2006—2016年,生态等级处于极不安全状态,生态环境压力较大。

宁夏回族自治区的生态压力较大,生态安全问题较为严重,生态压力指数呈现逐年上升状态。2013年,十八大提出生态文明建设,我国生态环境的治理走上了标本兼治的快速路,宁夏回族自治区的治理效果较为显著。2016年宁夏回族自治区的生态压力指数由2013年的7.3528,小幅度上升到7.6957,但较之前上升速度有所减缓。但由于以前积累的生态安全问题,宁夏回族自治区的生态系统仍处于失调状态。

为更清晰地反映宁夏回族自治区人均生态足迹和人均生态承载力的变化情况,我们特对研究期内的人均生态赤字和人均生态盈余进行分析,见图5-7。

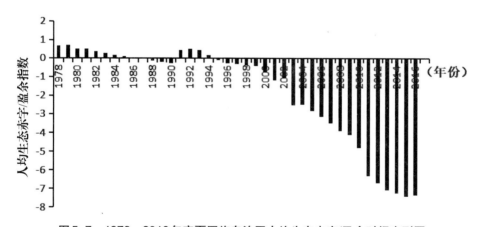

图5-7　1978—2016年宁夏回族自治区人均生态赤字/盈余时间序列图

由时间序列图来看,宁夏回族自治区处于生态赤字的年份较多,其中,1978—1985年、1991—1993年时间段内宁夏回族自治区总体处于生态盈余状态,生态经济系统尚能平稳运行;其余年份均处于生态赤字状态,且生态赤字速度逐年加快,说明宁夏回族自治区当前的社会经济发展与生态环境保护之间存在巨大的矛盾,经济的发展一方面缓减了贫困、促进了宁夏回族自治区社会福利的增加,但在一定程度上导致生态环境的持续恶化,并最终将影响宁夏回族自治区未来社会经济发展目标的实现。具体看来,从2003年开始,生态赤字的增速加快,说明区域生态承载力不能够满足区域社会经济发展所需的再生能源,也不能吸纳人类活动所排放的二氧化碳,生态环境严重超载,生态系统呈现不安全状态。事实上,宁夏回族自治区作为我国的生态脆弱区,生态承载力十分有限,一味地增加需求,只会使生态赤字进一步加大,从而导致生态系统不可避免地走向崩溃。为改善宁夏回族自治区的生态安全现状,增大生态盈余,须着手从生态安全问题的源头入手,切实减小生态足迹,着力增强生态承载力。

(四)宁夏回族自治区生态红线制定及执行情况

1.宁夏回族自治区生态安全主要防护任务

宁夏回族自治区生态安全的防护主要围绕预防水土流失和防风固沙两个方面。

(1)构建生态屏障,提高水资源的涵养能力

建立贺兰山、罗山、六盘山国家级自然保护区,加强森林资源保护,促进森林资源的再生,保护生物多样性,严禁采伐树木和破坏森林生态系统的一切活动。加强生态治理和植被恢复,严禁在罗山周边开采地下水资源[115]。

(2)建立荒漠高原防沙带

巩固现有成果,对现有条件下无法治理的沙漠进行封禁保护,对与人类生活密切相关的沙化地进行综合治理。腾格里沙漠以控制和预防风沙危害为主,对沙坡头进行综合治理,但是在治理的过程中保留一定数量的沙漠景观,促进旅游业的发展。

2.现有生态保护红线划定情况

宁夏回族自治区生态保护红线包括生物多样性维护区、水源涵养区、防风固沙区、水土流失区、水土保持区5种生态功能类型,呈现9个片区分布。生物多样性维护区、防风固沙区主要包括大武口区、惠农区、平罗县、西夏区、贺兰县、永宁县、青铜峡市、灵武市、利通区、红寺堡区、同心县、盐池县等区域。水源涵养区、生物多样性维护区主要包括宁夏回族自治区南部的泾源县、隆德县、西吉县、原州区、海原县等区域。湿地保护区、生物多样性维护区主要包括宁夏回族自治区北部、中部及西南部的大武口区、惠农区、平罗县、兴庆区、金凤区、西夏区、贺兰县、永宁县、灵武市、利通区、青铜峡市、沙坡头区、中宁县等区域。水土保持区主要包括位于宁夏回族自治区东南部的彭阳县、原州区和宁夏回族自治区西南部的西吉县这些区域。防风固沙

区主要是指位于宁夏回族自治区东部的盐池县和位于宁夏回族自治区西部的同心县、红寺堡区、沙坡头区、中宁县等区域。水土流失区主要包括位于宁夏回族自治区中部的同心县、海原县、沙坡头区、中宁县、原州区等区域。

3.相关制度保障情况

（1）监督管理方面

宁夏回族自治区环境管理部门会同有关部门建立生态红线综合监测网络，对生态保护红线实施监督；开展巡查、检查工作，及时反馈信息；定期对生态系统格局、质量和功能等进行评价。宁夏回族自治区人民政府按照国家规定对市、县人民政府生态红线保护成绩进行考核。考核的内容主要包括目标任务执行和完成情况、保护修复情况等。考核结果将纳入市、县人民政府生态文明建设目标评价考核体系当中。

（2）法律保障方面

对于在生态保护红线内从事不符合生态保护红线活动、破坏和侵占生态保护红线、擅自改变生态红线标志牌进行罚款处理。对于工作中违反生态保护红线规定的相关人员依法追究其刑事责任。

第二节 生态供求对甘、青、宁三省区生态安全的影响分析

从生态压力安全指数的分析来看，要想缓解生态压力，可以从减小生态足迹和增大生态承载力两个方面入手，换句话说，可从生态供给和需求两个角度寻求导致生态压力指数波动的驱动因子，探究改善甘、青、宁三省区生态安全状况的路径。

一、甘肃省生态安全影响因素分析

（一）供给侧变动对生态安全的影响分析

从生态承载力的计算公式可知，生态承载力是根据耕地、草场、林地、水域、化石能源用地和建筑用地共6类生物生产性土地相应的生态承载力计算结果加总而得。1978—2016年各地人均生态承载力构成图能更加直观地分析各地各类型土地生态承载力长期变化的情况，见图5-8所示。

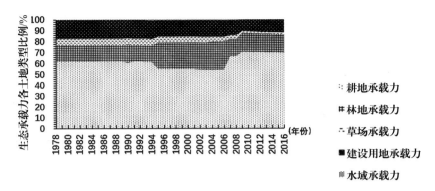

图5-8　1978—2016年甘肃省生态承载力各土地类型比例变动图

由图5-8可知,甘肃省生态承载力在研究期内呈现波动变化的状态,生态承载力主要是由耕地、林地、建筑用地生态承载力构成,其次是草场生态承载力,水域生态承载力比重最小,这与甘肃省长期干旱的区域地理特征相符合。事实上,区域生态承载力的发展变化相对稳定,短期内不会发生质的改变。换句话说,由于生态脆弱区的生态环境自修复能力有限,生态环境的恢复并不是一个短期的过程,这就使供给侧对生态安全态势的影响作用相对有限。

(二)需求侧变动对生态安全的影响分析

从生态足迹的计算公式可知,生态足迹也是根据耕地、草场、林地、水域、化石能源用地和建筑用地共6类生物生产性土地相应的生态足迹计算结果加总而得,图5-9即为1978—2016年甘肃省人均生态足迹比例变动图。

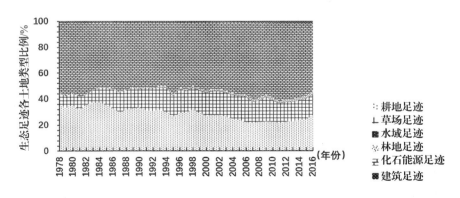

图5-9　1978—2016年甘肃省生态足迹各土地类型比例变动图

从图5-9可以直观地看出,甘肃省各种土地类型生态足迹在研究期内变化较为平稳,其中化石能源生态足迹所占的比重较大,说明甘肃省目前较为重视化石能源用地的使用,其次是耕地生态足迹,再次是草场生态足迹,而林地生态足迹、建筑生态足迹和水域生态足迹比重较小。

二、青海省生态安全影响因素分析

(一)供给侧变动对生态安全影响分析

由图5-10可知,青海省生态承载力主要是由草场、耕地、林地的生态承载力构成。2016年,青海省草场的生态承载力最大,达到所有土地类型之和的31.50%;其次是海洋(水域)生态承载力,主要因为青海省有我国最大的咸水湖青海湖,所以水域面积较其他两省区丰富,因此水域生态承载力也较大。1978—2003年建筑生态承载力所占比重较小,这是由于青海省虽然总的土地面积较大,但人口较少,基础设施的建设尚不完善。但随着青海省社会经济的进一步发展,城镇化建设成果显著,建筑生态承载力也随之有所提高,从2004—2016年,处于平稳变化状态。

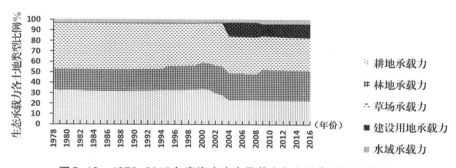

图5-10　1978-2016年青海省生态承载力各土地类型比例变动图

(二)需求侧变动对生态安全影响的分析

青海省居民对于牛羊肉和奶制品消费量较大,因此青海省的土地类型主要为耕地和草场,2016年耕地和草场两种类型土地占用比例之和达到35.08%。随着社会经济的不断发展,化石能源用地所占的比例不断加大,由1978年的9.81%增加到2016年的60.97%,占所有土地类型总和的一半以上,林地的需求足迹有所下降,见图5-11。

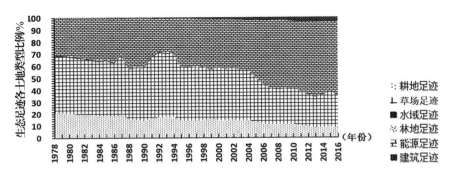

图5-11　1978—2016年青海省生态足迹各土地类型比例变动图

三、宁夏回族自治区生态安全影响因素分析

（一）供给侧变动对生态安全影响分析

由图5-12可知,宁夏回族自治区生态承载力主要是由耕地提供,耕地生态承载能力最强,说明耕地生态系统的产出支撑着宁夏回族自治区生态经济系统的发展。这与甘肃省生态承载力的比重结构相似,但不同的是宁夏回族自治区的耕地所占比重达70%以上,即使其生态承载力变化存在起伏,但仍占据着绝大部分比例。

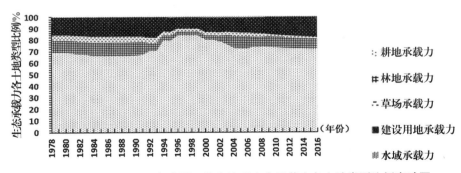

图5-12　1978—2016年宁夏回族自治区生态承载力各土地类型比例变动图

（二）需求侧变动对生态安全影响分析

由图5-13可知,1978—2016年宁夏回族自治区生态足迹的构成发生了较大的变化,能源生态足迹和耕地生态足迹的变化最为明显。随着时间的推移,能源生态足迹占的比例不断扩大,到2016年能源生态足迹占所有生态足迹之和的比例达到

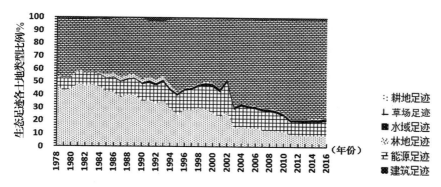

图5-13　1978—2016年宁夏回族自治区生态足迹各土地类型比例变动图

75.81%。宁夏回族自治区这种以消耗大量能源为支撑的经济增长方式,必然会给生态环境带来巨大的压力。耕地生态足迹不断减小,由1978年的45%减少到2016年的13%。总体而言,草场生态足迹变化不大,水域生态足迹缓慢增长,林地生态足迹总体呈缓慢增长状态。由于林地占整个生态足迹的比重较小,尽管生态足迹呈现不断上升状态,但仍然对整个生态足迹的变化影响不大。建筑生态足迹有所上升,但仍然是占用生物生产性土地面积除了林地生态足迹外最小的土地利用类型。

第三节　本章小结

本章主要研究甘、青、宁三省区的生态安全现状及其冲击因素,得到如下结论:

第一,甘、青、宁三省区当前的生态安全现状都较为严峻。

2016年甘肃省人均生态足迹为2.851公顷,人均生态承载力为1.212公顷,人均生态赤字为1.639公顷,人均生态足迹与人均生态承载力均较低,且生态赤字过大,这说明甘肃省的生产活动已经超出了自然生态系统的供给能力,生态经济系统处于生态不可持续发展状态。2016年青海省人均生态足迹为3.153公顷,人均生态承载力为1.824公顷,人均生态赤字为1.329公顷,人均生态足迹与人均生态承载力均较低,且生态赤字较大,其生态经济系统属于生态不健康发展状态。2016年宁夏回族自治区人均生态足迹为8.447公顷,人均生态承载力为1.098公顷,人均生态赤字为7.349公顷,人均生态足迹与人均生态承载力均较低,且生态赤字极大,其生态经济系统处于生态不可持续发展状态。

第二,甘、青、宁三省区生态供求均处于失衡状态。

从生态供给角度来看,甘肃省生态承载力主要是由耕地、林地、建筑的生态承载力构成,其次是草场生态承载力,水域生态承载力比重最小,这与甘肃省长期干旱的区域地理特征相符合;青海省生态承载力主要是由草场、耕地、林地的生态承载力构成,其次是水域生态承载力,建筑承载力所占比重最小;宁夏回族自治区生态承载力主要是由耕地、建筑的生态承载力构成,其次是草场、林地生态承载力,水域生态承载力比重最小。

从生态需求角度来看,甘、青、宁三省区耕地、能源的足迹所占的比重较大,其次是草场,而林地、建筑和水域的足迹较小。甘肃省能源足迹所占比重比较稳定;青海省和宁夏回族自治区的能源足迹比重基本是逐年增加的,而耕地足迹逐年减小。到2016年,甘、青、宁三省区能源足迹占总足迹的比例均达到最大。

第三,甘、青、宁三省区均已建立生态安全保障体系。

甘、青、宁三省区自然条件恶劣,交通不便,基础设施落后,生态问题比较突出,属于生态脆弱区,也是我国水土流失和土地沙漠化最为严重的地区。划定生态保护红线的目的就是要保护那些具有特殊重要生态功能的区域。

甘肃省生态保护红线主要包括水源涵养区、生物多样性区、水土保持区、防风固沙区、禁止开发区5个功能区。青海省划定了森林、湿地、沙区植被、物种4条生态保护红线。宁夏回族自治区生态保护红线包括生物多样性维护区、水源涵养区、防风固沙区、水土流失区、水土保持区5种生态功能类型,呈现9个片区分布。生态保护红线对于维护生态平衡具有重要的意义。

第六章

甘、青、宁三省区产业结构
对生态系统运行的影响分析

由于需求侧是行为模式,改变当前的需求模式是改变当前生态恶化现状的关键。需求侧变动,即生态足迹特别是能源生态足迹的变动,是导致各省区生态安全态势变动或恶化的主要原因。而生态需求变动速度与幅度均受区域社会经济发展速度与质量的影响。因此,可进一步运用VAR模型研究经济系统对生态系统的冲击作用,分析区域产业结构变动对生态安全状况的影响能力。

第一节　甘肃省产业结构对生态系统的冲击作用分析

一、VAR模型的构建与检验

为方便分析,将总生态足迹增长率记作 Y ,将三大产业增长率记作 X_1、X_2、X_3。对甘肃省总生态足迹增长率及三大产业增长率建立VAR模型,模型阶数由SC和AIC两准则函数达到最小的滞后阶数所确定,构建无约束VAR模型如下:

$$Y_t = 0.184Y_{t-1} + 0.250Y_{t-2} - 0.138X_{1(t-1)} + 0.045X_{1(t-2)} + 0.204X_{2(t-1)} - 0.193X_{2(t-2)}$$

$$+0.180X_{3(t-1)} + 0.032X_{3(t-2)} \tag{6-1}$$

采用AR根的方法检验VAR模型是否满足稳定性条件,其中AR根的原理是:如果VAR模型所有根模的倒数都小于1,即都在单位圆内,则该模型是稳定的;如果VAR模型所有根模的倒数都大于1,即都在单位圆外,则该模型是不稳定的。

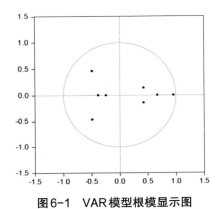

图6-1　VAR模型根模显示图

从图6-1可以看出,AR估计所有的根模均位于单位圆内,所以被估计的VAR模型满足稳定性条件,所得结果有效。这意味着在此基础上建立VAR模型进行脉冲响应函数分析、方差分解分析是有实际意义的,该模型可投入使用。

二、基于VAR模型的广义脉冲响应分析

在VAR模型的基础上,运用广义脉冲响应函数进一步分析甘肃省总生态足迹增长率对经济增长的动态响应关系,设定模型滞后期限为10年。响应路径见图6-2。图中横坐标代表冲击的滞后期数,纵坐标代表因变量对于解释变量的响应。 Y 表示总生态足迹的增长率, X_1 、 X_2 、 X_3 表示第一产业、第二产业、第三产业的增长率。

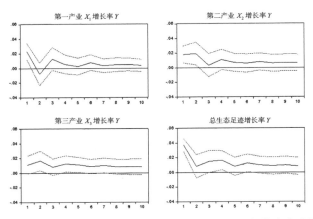

图6-2　总生态足迹增长率对甘肃省三大产业增长率的响应路径图

由图6-2可知,第一产业对甘肃省生态足迹的冲击,总体呈现逐渐减小的趋势。总生态足迹增长率在前几期的波动之后,在响应期内达到负值并达到负值最大值,这说明从总体而言,第一产业的增长率对生态足迹增长率起到抑制作用。第二产业对生态足迹的冲击,总体呈现出先增大最后趋于平稳的趋势。总生态足迹增长率在前四期内波动幅度较大,说明这一阶段受第二产业的影响较大,后期趋于平稳。第三产业增长率对生态足迹增长率总体呈现出促进作用,在前四期稍有波动外,后期趋于平稳。根据脉冲响应函数得出累积脉冲响应的数值,如表6-1所示。

从表6-1可以看出,Y对X_1、X_2、X_3的冲击响应值都为正值,且Y对X_2的冲击响应值最大,其次是X_3,最后是X_1。这表明对于甘肃省,对生态足迹增长起主要促进作用的是第二产业,其次是第三产业,第一产业的影响最小。因此从生态供给的角度分析产业结构,甘肃省应注意改变能源消费模式,发展清洁能源。

表6-1　总生态足迹增长率Y对甘肃省三大产业增长率X_1、X_2、X_3的累积脉冲响应

期数	X_1对Y的贡献度	X_2对Y的贡献度	X_3对Y的贡献度
1	0.023224	0.018288	0.011104
2	0.015399	0.037782	0.027708
3	0.02848	0.041284	0.035875
4	0.034104	0.052519	0.048272
5	0.036761	0.059742	0.059397
6	0.04486	0.065992	0.068161
7	0.048507	0.07425	0.078362
8	0.053554	0.08067	0.086858
9	0.058841	0.087621	0.095163
10	0.062857	0.094508	0.103344

三、方差分解

方差分解通过分析每一个结构冲击对内生变量变化的贡献度,进一步评价不同结构冲击的重要性。1978年至2016年甘肃省总生态足迹增长率和三大产业增长率

之间建立的VAR模型所做的方差分解,如表6-2所示。

从表6-2可以看出,在总生态足迹增长率 Y 的方差分解中,从平均贡献率来看,第一产业的贡献率和第二产业的贡献率不相上下,第三产业的贡献率较小,这说明对于甘肃省而言,长期以来的经济发展对第一产业和第二产业的依赖都较强,对生态足迹增长起主要作用的是第一产业和第二产业,第三产业对生态足迹的影响较小。

表6-2　甘肃省总生态足迹增长率 Y 的方差分解

期数	X_1 对 Y 的贡献度	X_2 对 Y 的贡献度	X_3 对 Y 的贡献度
1	39.15272	12.20359	3.87132
2	28.72813	31.40993	9.358564
3	32.41061	27.58257	10.79374
4	29.30877	27.72835	13.04787
5	27.96535	27.81202	15.5752
6	28.38063	26.7358	16.50653
7	27.32588	27.12895	17.86748
8	27.11198	27.01281	18.78412
9	26.8937	26.96958	19.44009
10	26.51587	27.16768	20.10938

第二节　青海省产业结构对生态系统的冲击作用分析

一、VAR模型的构建与检验

为方便分析,将总生态足迹增长率记作 Y ,三大产业增长率记作 X_1、X_2、X_3。对青海省总生态足迹增长率及三大产业增长率建立VAR模型,模型阶数由SC和AIC两准则函数达到最小的滞后阶数确定,构建无约束VAR模型如下:

$$Y_t = -0.418Y_{t-1} - 0.006Y_{t-2} + 0.170X_{1(t-1)} + 0.040X_{1(t-2)} + 0.198X_{2(t-1)} + 0.186X_{2(t-2)}$$

$$+0.023X_{3(t-1)}-0.156X_{3(t-2)}$$ （6-2）

采用AR根的方法检验VAR模型是否满足稳定性条件,检验结果见图6-3。

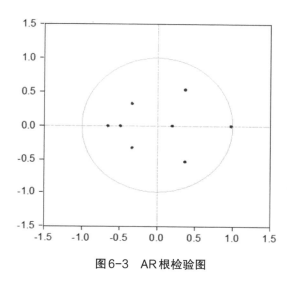

图6-3　AR根检验图

从图6-3可以看出,AR估计所有的根模均位于单位圆内,所以被估计的VAR模型满足稳定性条件,所得结果有效。这意味着在此基础上建立VAR模型进行脉冲响应函数分析、方差分解分析是有实际意义的,该模型可投入使用。

二、基于VAR模型的广义脉冲响应分析

在VAR模型的基础上,运用广义脉冲响应函数进一步分析青海省总生态足迹增长率对经济增长的动态响应关系,设定模型滞后期限为10年。响应路径见图6-4。图中横坐标代表冲击的滞后期数,纵坐标代表因变量对于解释变量的响应。Y表示总生态足迹的增长率,X_1、X_2、X_3表示第一产业、第二产业、第三产业的增长率。

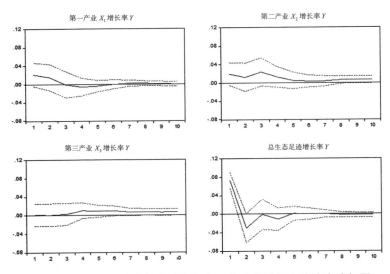

图6-4   总生态足迹增长率对青海省三大产业增长率的响应路径图

由图6-4可知,第一产业对青海省生态足迹的冲击,总体呈逐渐减小的趋势。总生态足迹增长率前两期下滑后,在响应期内达到负值,并在第六期恢复为正值,并且稳定在0附近。这说明第一产业的增长率对生态足迹增长率先是起到促进作用然后经过小幅的抑制作用后趋于平稳。第二产业对生态足迹的冲击,总体呈现出先增大最后趋于平稳的趋势。第三产业对生态足迹的冲击总体呈现平稳状态。总生态足迹增长率在前五期内波动幅度较大,说明这一阶段受第二产业的影响较大,后期趋于平稳。根据脉冲响应函数得出累积脉冲响应的数值,如表6-3所示。

表6-3   总生态足迹增长率 Y 对青海省三大产业增长率 X_1、X_2、X_3 的累积脉冲响应

期数	X_1 对 Y 的贡献度	X_2 对 Y 的贡献度	X_3 对 Y 的贡献度
1	0.021197	0.025559	0.010294
2	0.036245	0.042	0.017286
3	0.035595	0.064183	0.023097
4	0.029692	0.074366	0.032747
5	0.025802	0.077869	0.040637
6	0.025585	0.081157	0.049878

期数	X_1 对 Y 的贡献度	X_2 对 Y 的贡献度	X_3 对 Y 的贡献度
7	0.027857	0.085534	0.057568
8	0.029672	0.092242	0.065652
9	0.030779	0.098998	0.073072
10	0.031012	0.105544	0.080776

从表6-3可以看出,Y 对 X_1、X_2、X_3 的冲击响应值都为正值。且 Y 对 X_2 的冲击响应值较大,在第十期,冲击响应值达到0.105544,达到最大。冲击响应值排名第二的是 X_3,这说明第三产业的增长率对青海省生态足迹增长的促进作用越来越明显。最后的是 X_1。以上表明在青海省,对生态足迹增长起主要促进作用的是第二产业,其次是第三产业,第一产业的影响最小。

三、方差分解

1978年至2016年青海省总生态足迹增长率和三大产业增长率之间建立的VAR模型所做的方差,分解如表6-4所示。

表6-4　青海省总生态足迹增长率 Y 的方差分解

期数	X_1 对 Y 的贡献度	X_2 对 Y 的贡献度	X_3 对 Y 的贡献度
1	7.307985	6.281364	0.022341
2	9.068705	7.162619	0.026592
3	8.427347	13.67304	0.112568
4	8.408521	14.93	1.307589
5	8.467982	15.0227	2.191116
6	8.371558	14.99686	3.164295
7	8.366714	15.05123	3.674826
8	8.312176	15.35986	4.186554
9	8.238313	15.71137	4.60942
10	8.146793	16.05585	5.103712

从表6-4可以看出,在总生态足迹增长率 Y 的方差分解中,从平均贡献率来看,第二产业的贡献率是最大的,第一产业的贡献率次之,第三产业的贡献率最小。这说明对于青海省而言,长期以来经济发展对第二产业的依赖较强;第一产业的贡献率在冲击期内较为稳定,说明第一产业对生态足迹的影响从研究期开始到结束影响较为稳定;第三产业对生态足迹的贡献率虽然在研究期内呈现不断增长状态,但相较第一产业和第二产业,影响仍然是最小的。

第三节 宁夏回族自治区产业结构对生态系统的冲击作用分析

一、VAR模型的构建与检验

为方便分析,将总生态足迹增长率记作 Y ,三大产业增长率记作 X_1、X_2、X_3。对宁夏回族自治区总生态足迹增长率及三大产业增长率建立VAR模型,模型阶数由SC和AIC两准则函数达到最小的滞后阶数确定,构建无约束VAR模型如下:

$$Y_t = -0.240Y_{t-1} + 0.076Y_{t-2} + 0.157X_{1(t-1)} - 0.415X_{1(t-2)} + 0.386X_{2(t-1)} - 0.313X_{2(t-2)}$$
$$-0.305X_{3(t-1)} + 0.995X_{3(t-2)} \tag{6-3}$$

采用AR根的方法检验VAR模型是否满足稳定性条件,检验结果见图6-5。

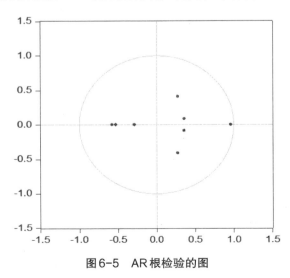

图6-5 AR根检验的图

从图6-5可以看出,AR估计所有的根模均位于单位圆内,所以被估计的VAR模型满足稳定性条件,所得结果有效。这意味着在此基础上建立VAR模型进行脉冲响应函数分析、方差分解分析是有实际意义的,该模型可投入使用。

二、基于VAR模型的广义脉冲响应分析

在VAR模型的基础上,运用广义脉冲响应函数进一步分析宁夏回族自治区总生态足迹增长率对经济增长的动态响应关系,设定模型滞后期限为10年。响应路径见图6-6。图中横坐标代表冲击的滞后期数,纵坐标代表因变量对于解释变量的响应。Y 表示总生态足迹的增长率,X_1、X_2、X_3 表示第一产业、第二产业、第三产业的增长率。

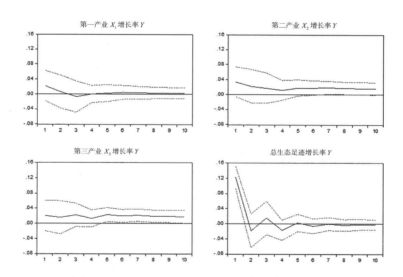

图6-6　总生态足迹增长率对宁夏回族自治区三大产业增长率的响应路径图

由图6-6可知,第一产业对宁夏回族自治区生态足迹的冲击,总体呈现先逐渐减小后趋于稳定的趋势。总生态足迹增长率在前三期的下滑后,在响应期内达到负值,并在第五期恢复为正值,并且稳定在0附近。这说明第一产业的增长率对生态足迹增长率先是起到促进作用然后经过小幅的抑制作用后趋于平稳;第二产业对生态足迹的冲击,总体呈现出平稳的趋势;第三产业对生态足迹的冲击虽然有小幅度

的波动,但仍然呈现平稳状态。根据脉冲响应函数得出累积脉冲响应的数值,如表6-5所示。

表6-5 总生态足迹增长率 Y 对宁夏回族自治区三大产业增长率 X_1、X_2、X_3 的累积脉冲响应

期数	X_1 对 Y 的贡献度	X_2 对 Y 的贡献度	X_3 对 Y 的贡献度
1	0.022311	0.033682	0.020924
2	0.028194	0.055615	0.036603
3	0.0211	0.072626	0.059243
4	0.02098	0.084162	0.072325
5	0.023388	0.102183	0.095447
6	0.028021	0.119936	0.115228
7	0.031494	0.138637	0.136996
8	0.034494	0.155671	0.156062
9	0.036927	0.172142	0.175012
10	0.039342	0.187674	0.192655

从表6-5可以看出,总生态足迹增长率 Y 对 X_1、X_2、X_3 的冲击响应值都为正值。总生态足迹 Y 对 X_2 的冲击响应值较大,其次是 X_3。X_3 在第十期,冲击响应值为0.192655,达到最大,这说明第三产业的增长率对宁夏回族自治区生态足迹增长的促进作用越来越明显。影响最小的是 X_1。以上表明对于宁夏回族自治区,对生态足迹增长起主要促进作用的是第二产业,其次是第三产业,第一产业的影响最小。

三、方差分解

1978年至2016年宁夏回族自治区总生态足迹增长率和三大产业增长率之间建立的VAR模型所做的方差分解,如表6-6所示。

从表6-6可以看出,在总生态足迹增长率 Y 的方差分解中,从平均贡献率来看,第二产业的贡献率是最大的,第三产业的贡献率次之,第一产业的贡献率最小。这说明对于宁夏回族自治区而言,长期以来经济发展对第二产业的依赖较强;第一产

业的贡献率在冲击期内较为稳定,这说明第一产业对生态足迹的影响从研究期开始到结束影响较为稳定;第三产业对生态足迹的贡献度在研究期内呈现不断增长状态,说明第三产业对生态足迹的影响作用越来越大。

表6-6　宁夏回族自治区总生态足迹增长率 Y 的方差分解

期数	X_1 对 Y 的贡献度	X_2 对 Y 的贡献度	X_3 对 Y 的贡献度
1	3.326317	6.167821	3.513579
2	3.284469	8.479686	3.307697
3	3.277572	9.647275	7.615941
4	3.167072	10.06844	7.986455
5	3.078155	11.35946	9.739546
6	3.101059	12.54902	10.14833
7	3.070075	13.84996	11.00544
8	3.04045	14.87539	11.50346
9	3.000457	15.79389	12.11469
10	2.969046	16.57426	12.57167

对宁夏回族自治区总生态足迹增长率 Y 的方差分解结论与宁夏回族自治区的经济结构有很大的相关性,宁夏回族自治区的产业结构以第二产业为主,极大地依赖于自然资源;受资金、技术等众多因素的制约,企业生产水平较为低下、资源利用率低,这种粗放的经济发展方式导致资源的浪费和生态环境的恶化。

第四节　本章小结

一、结　论

本章运用VAR模型,对甘、青、宁三省区产业结构对生态供求变化的驱动作用进行分析,并在VAR的基础上使用广义脉冲响应和方差分析,对甘、青、宁三省区的

总生态足迹增长率与三大产业的增长率的动态关系进行了实证研究,得出如下结论:

第一,由 VAR 模型可知,三大产业增长与生态足迹之间存在较为紧密的关系。从脉冲响应及方差分解可以看出,三大产业增长在很大程度上影响了生态足迹的增长,加大了资源的消耗程度。生态足迹对三大产业增长冲击反应的实际经济含义为:经济的发展往往以生态资源的消耗为基础,在经济发展过程中,经济的不断提高将促进资源的过度消耗,依赖于生态资源消耗的经济的快速发展会导致生态足迹的增加,且这一作用具有长期性。

第二,由累积脉冲响应可知,对于甘、青、宁三省区,总生态足迹增长率 Y 对第二产业增长率 X_2 的冲击响应值最大,其次是第三产业的增长率 X_3,最后是第一产业增长率 X_1,这说明对于甘、青、宁三省区来说,第二产业变动对生态足迹有着较大的影响,其次是第三产业,最后是第一产业。

第三,方差分解的结果表明,对于甘、青、宁三省区生态足迹的波动,对甘肃、青海两省来说,第二产业增长率的贡献率最大,第一产业增长率次之,第三产业增长率的贡献率最小;对宁夏回族自治区来说,第二产业增长率的贡献率最大,第三产业增长率次之,第一产业增长率的贡献率最小。

分析原因不难发现,甘、青、宁三省区的经济发展状况不同。在甘肃省的生态足迹中,能源足迹所占的比重较大,从经济角度来看,甘肃省工业发展在 GDP 中所占的比重较大,第二产业的快速发展引起生态足迹的较快增加;而青海省起初的生态足迹相对不是很大,但是随着近几年经济的发展,第二、第三产业增长率增加,生态足迹增加较快,因此,近几年的第二、第三产业增长率对生态足迹影响较大;宁夏回族自治区生态足迹较其他两省都大,而宁夏回族自治区的土地面积和生态资源都较少,第一产业的增长不会对生态足迹带来太大的负担,但宁夏回族自治区的能源足迹很大,且呈现逐年上升的趋势,这说明第二产业的增长会导致生态足迹的增加。因此,在注意生态环境恶化的同时,也要注意到不同产业结构对生态足迹的影响。

二、建　议

根据甘、青、宁三省区历年生态足迹和生态承载力的计算结果可得,甘、青、宁三省区的生态足迹和三大产业产值是逐年增加的,而其生态承载力多是下降的,说明甘、青、宁三省区的经济发展能力虽然较往年有所上升,但却是以牺牲生态足迹的增加为代价的。

在不降低现有生活水平的基础上,如何减缓生态赤字、减少生态压力,实现经济、资源可持续发展与利用,是最近几年生态工作的重点。因此,甘、青、宁三省区都应该进一步提高生态经济系统的发展能力,从生态需求和生态供给两个方面入手,做好以下工作:

1.生态需求角度

改变当前的需求模式是缓解甘、青、宁三省区生态压力的关键。从需求角度看,甘、青、宁三省区都应优化产业结构,大力发展循环经济,优化能源生产结构,推广清洁能源,全面贯彻可持续发展的理念,加强生态城市建设,促进城市生态可持续发展。对于甘肃省、青海省两省,应大力发展第三产业,同时也要注重第二产业的发展;宁夏回族自治区应该适当放缓经济发展的步伐,寻求高效、环保的经济发展方式,同时也要注重第一产业的发展,如适当加快发展畜牧业,以提高土地的利用率。

2.生态供给角度

良好的生态环境是人类社会持续发展的基础,而生态承载力在短时间内难以有大的改观,因此在发展过程中应注重经济社会的可持续发展。

第一,居民角度。甘、青、宁三省区均应加快推进"人的文明"建设,加强生态文明宣传教育工作,积极倡导从节约型、环保型的角度寻求高质量的居民生活方式,尽量减少居民生活对环境造成的压力,营造爱护生态环境的良好风气。

第二,能源角度。不断加强科技进步,优化能源生产结构。在依靠科学技术和区域现有自然资源的基础上,大力推广和应用可再生能源,使能源利用结构优化和布局合理,减少区域系统对工业能源燃料的利用和依赖,从而做到在源头上减少生态赤字。

第三,土地角度。科学规划土地利用,提高土地资源利用效率,在减少生态足迹的同时,走提高生态足迹多样性,走多元化利用生物生产性土地的道路。

第四,政府角度。加强环境监管,健全生态保护制度。保护生态环境必须依靠制度,应加强生态文明制度建设,同时加大自然生态系统和环境保护力度,完善耕地保护制度、水资源管理制度、环境保护制度等。

第七章

甘、青、宁三省区生态文明进步指数构建与评价

从系统论角度分析,生态文明建设和经济、政治、社会、文化建设构成完整的生态经济系统。生态文明建设是一个基于发展的动态开放系统,它主要以自然力和社会力为动力机制。自然力的源泉是生态系统本身能量流动产生的物理、化学和生物过程。社会力的源泉来自四个方面,一是经济杠杆;二是社会保障;三是生态容量;四是环境改善。当前的社会系统奉行以人为主体,生态经济的发展为生态文明建设提供了物质和资金基础,并通过市场竞争刺激经济主体改良生产方式。社会保障通过合理配置公共资源,为生态文明建设提供稳定的外在环境和人力资源。生态容量是城市的生态承载力,是保持生态系统健康且相对稳定条件下的对污染物质的容纳能力,一个生态系统在维持生命机体的再生能力、适应能力和更新能力的前提下,承受有机体数量的最大程度,自然生态系统的自我调节和修复能力为生态文明建设提供了强大的自然动力。环境变化是由人类活动和自然过程相互交织的系统驱动所造成的一系列陆地、海洋与大气的生物物理变化。自然力和社会力的耦合推动着生态文明系统的形成和发展。

第一节　评价指标体系的构建

一、指标体系构建思路

由相关文献可知,生态文明建设绩效评价的目的是摸清评价区域生态文明建设的优势及劣势,明确下一步建设的重点。而较为客观的生态文明建设评价是解决甘、青、宁三省区生态脆弱现状,改善生态质量问题,促进甘、青、宁三省区可持续发展的关键。

由于地区差异和地区特殊性的存在,比较总量指标或者进行水平方向的研

究意义并不大。增长率指标恰好可以解决总量指标无法进行比较的问题,其优势在于:第一,指标反映的是增长程度问题,消除了指标量纲的影响;第二,所有指标进行标准化处理后,对相关指标加权求和后的值即为综合指数,将其用以反应区域生态文明建设的进步度,这样在横向方面的比较就具有了意义。我国目前正处于社会主义初级阶段,各个地区的经济发展并不均衡。甘、青、宁三省区位于我国内陆,地理条件十分复杂,城市化发展不尽相同,经济化发展水平和教育普及程度也是千差万别。作为我国生态安全的要害地区,其特殊的地形地貌使该地区的生态环境脆弱而又极其重要。建立科学的生态文明指标体系,对甘、青、宁三省区的生态文明发展作出较为客观的评价,有助于实现甘、青、宁三省区生态、经济和社会的协调发展。

本次研究较以往研究有较大突破的地方在于,突出了甘、青、宁三省区生态脆弱特性,选取了适量的生态环境指标,在生态保育指标和生态环境改善指标方面进行了较大的完善。在参考以前学者对生态文明建设评价的基础上,根据甘、青、宁三省区生态文明建设现状,将测度指标体系分为经济发展维度、社会进步维度、生态保育维度和环境改善维度四个维度共63个生态文明评价指标框架。

二、评估指标体系及构成

省域生态文明评价基本指标体系应体现生态文明建设的任务,坚持绿色发展的理念,参考已有对生态文明测度评估指标体系构建的经验,结合城市生态系统理论,把握科学性与客观性、定量化与可操作性、权威性与典型性等原则。生态文明是由经济、社会、生态和环境组成的复合的有机系统。

(一)经济发展维度指标体系的构建

如表7-1所示,经济发展维度共分为水平结构和国民收入两个领域。经济发展是城市化建设和生态文明建设的基础。水平结构包括的指标有人均GDP增长率、居民人均消费水平增长率、固定资产投资额增长率、社会消费品零售总额增长率、农村贫困发生减少率、贫困人口减少率、第一产业产值占GDP的比重增长率和第三产业产值占GDP的比重增长率;国民收入包括的指标有城乡居民储蓄存款增长率、人均一般公共预算收入、城镇居民人均可支配收入增长率以及农村居民人均可支配收入增长率。

表7-1　甘、青、宁三省区经济发展维度指标

领域	角度	指标
经济发展	水平结构	人均GDP增长率
		居民人均消费水平增长率
		固定资产投资额增长率
		社会消费品零售总额增长率
		农村贫困发生减少率
		贫困人口减少率
		第一产业产值占GDP的比重增长率
		第三产业产值占GDP的比重增长率
	国民收入	城乡居民储蓄存款增长率
		人均一般公共预算收入增长率
		城镇居民人均可支配收入增长率
		农村居民人均可支配收入增长率

(二)社会进步维度指标体系的构建

表7-2　甘、青、宁三省区社会进步维度指标

领域	角度	指标
社会进步	社会发展	城镇化增长率
		城镇人口密度增长率
		科教文卫支出占财政支出比重进步率
		R&D人员数增长率
		R&D经费增长率
		教育经费增长率
		公共图书馆总藏书量增长率
		卫生机构床位数增长率
		每千人执业医师增长率
		每千人注册护士增长率
		社区服务设施覆盖增长率

领域	角度	指标
社会进步	基础设施	城市环境基础设施建设投资增长率
		道路面积增长率
		排水管道长度增长率
		用水普及增长率
		生活垃圾清运量进步率
		无害化处理能力进步率
		生活垃圾无害化处理进步率
		每万人拥有公共卫生间增长率
		燃气普及增长率
	绿色生活	绿化覆盖面积增长率
		人均公园绿地面积增长率
		建成区绿化覆盖增长率
		每万人拥有公交车辆增长率
		地质公园建设投资增长率

社会进步共分为社会发展、基础设施和绿色生活三个领域,见表7-2。社会发展中包含科技、教育、文化、卫生各个方面,其中具体指标有城镇化增长率、城镇人口密度增长率、科教文卫支出占财政支出比重进步率、R&D人员数增长率、R&D经费增长率、教育经费增长率、公共图书馆总藏书量增长率、卫生机构床位数增长率、每千人执业医师增长率、每千人注册护士增长率和社区服务设施覆盖增长率;基础设施包括的指标有城市环境基础设施建设投资增长率、道路面积增长率、排水管道长度增长率、用水普及增长率、生活垃圾清运量进步率、无害化处理能力进步率、生活垃圾无害化处理进步率、每万人拥有公共卫生间增长率和燃气普及增长率。绿色生活包括的指标有绿化覆盖面积增长率、人均公园绿地面积增长率、建成区绿化覆盖增长率、每万人拥有公交车辆增长率和地质公园建设投资增长率。

（三）生态保育维度指标体系的构建

表7-3　甘、青、宁三省区生态保育维度指标

领域	角度	指标
生态保育	生态容量	耕地面积增长率
		园地面积增长率
		林地面积增长率
		牧草地面积增长率
		自然保护区数增长率
		自然保护区面积增长率
		水资源总量增长率
	生态安全	生态压力指数减少率
		万元GDP足迹减少率
		突发环境事件次数减少率
		单位GDP能耗减少率
		除涝面积增长率
		水土流失治理面积增长率
		地质灾害防治投资增长率

表7-3为生态保育维度指标体系的构成,生态保育共分为生态容量和生态安全两个领域,生态容量包括的指标有耕地面积增长率、园地面积增长率、林地面积增长率、牧草地面积增长率、自然保护区数增长率、自然保护区面积增长率和水资源总量增长率。生态安全包括的指标有生态压力指数减少率、万元GDP足迹减少率、突发环境事件次数减少率、单位GDP能耗减少率、除涝面积增长率、水土流失治理面积增长率和地质灾害防治投资增长率,人均生态足迹和人均水资源量指标体现了对生态容量的测度。生态足迹指标形象地把支持人类生存的生物世界同自然资产的需求联系起来进行对比。有人将生态足迹形象地比喻成一只负载着人类与人类所创造的城市、工厂等的巨脚,踏在地球上留下的脚印,当这只"巨大的脚印"超过了地球所能承受的土地面积时,这些工厂或者城市就会失衡。生态足迹的测算涵盖该地区耕地、草场、林地、水域、化石燃料用地和建筑用地6种土地类型。

(四)环境改善维度指标体系的构建

环境改善维度共分为环境压力和环境治理两个领域。环境压力反映的是人类对环境的破坏程度,包括的指标有废水排放总量减少率、人均用水量增长率、自然灾害直接经济损失减少率、地质灾害直接经济损失减少率、二氧化硫排放总量减少率、氮氧化物排放总量减少率和烟(粉)尘排放总量减少率。环境治理包括的指标有矿山环境恢复投入资金增加率、废水治理设施处理能力进步率、建设项目"三同时"环保投资增长率、重复水利用率、林业完成投资增长率、治理废水项目完成投资增长率、治理废气项目完成投资增长率和治理固体废物项目完成投资增长率。

表7-4 甘、青、宁三省区环境改善维度指标

领域	角度	指标
环境改善	环境压力	废水排放总量减少率
		人均用水量增长率
		自然灾害直接经济损失减少率
		地质灾害直接经济损失减少率
		二氧化硫排放总量减少率
		氮氧化物排放总量减少率
		烟(粉)尘排放总量减少率
	环境治理	矿山环境恢复投入资金增加率
		废水治理设施处理能力进步率
		建设项目"三同时"环保投资增长率
		重复水利用率
		林业完成投资增长率
		治理废水项目完成投资增长率
		治理废气项目完成投资增长率
		治理固体废物项目完成投资增长率

在指标的研究期内,由于氮氧化物排放总量指标、烟(粉)尘排放总量指标和除涝面积指标的变异程度较小,因此在进行指标二次筛选时,将这三个指标删除掉,不

做研究,但在指标评价体系中将这三个指标仍做保留。

第二节　甘、青、宁三省区生态文明建设绩效评价

一、数据获得及预处理

本书的研究对象为甘、青、宁三省区生态文明建设经济测度,数据均来自各年的《中国统计年鉴》《中国环境统计年鉴》《甘肃发展年鉴》《青海统计年鉴》以及《宁夏统计年鉴》。个别年份缺失数据,利用数据插补法补全数据。

在计算生态文明测度评价过程中,由于指标体系中的指标性质不统一,有正向指标有逆向指标,因此在对数据处理的过程中指标数据的方向不同往往会造成结果的误差,影响经济解释,所以有必要对原始数据进行标准化处理。本书先采用定基法,以2010年为基期对原始数据求增长率,计算过程如下式:

$$p_{ij} = \begin{cases} \dfrac{p_{ij}^{'} - p_{ij}^{''}}{p_{ij}^{''}} & (正向指标) \\ -\dfrac{p_{ij}^{'} - p_{ij}^{''}}{p_{ij}^{''}} & (逆向指标) \end{cases} \tag{7-1}$$

式中,p_{ij} 为评价指标对象 i 第 j 项指标的增长率,$p_{ij}^{'}$ 为现状指标的值,$p_{ij}^{''}$ 为基期的指标值。

采用阈值法,对增长率指标进行无量纲化处理计算过程如下:

$$P_{ij} = \frac{p_{ij} - \min\limits_{1 \leqslant i,j \leqslant n} p_{ij}}{\max\limits_{1 \leqslant i,j \leqslant n} p_{ij} - \min\limits_{1 \leqslant i,j \leqslant n} p_{ij}} \times 40 + 60 \tag{7-2}$$

式中,P_{ij} 是评级指标对象 i 第 j 项指标的进步评价值。

二、进步指数的构建

(一)构建思路

进步指数是指各指标值与该地区历史水平相比的进步程度,体现该评价区域生

态文明建设的进步程度。客观上,有效的生态文明建设绩效的评价,不仅能反映区域当前的生态文明建设程度,还能反映出相比于过去的进步程度。但是由于自然环境、社会经济以及历史原因,甘、青、宁三省区的生态文明建设水平和建设起点并不相同,运用进步指数可以比较出甘、青、宁三省区当前的生态文明建设状况与以往年份的进步程度,反映出甘、青、宁三省区为改善当前生态文明状况所做的努力和取得的进步。通过比较甘、青、宁三省区生态文明建设的进步程度,既可以激励当前生态文明建设进步程度处于领先地位的青海省持续改进,又可以促进进步程度排名较为落后的宁夏回族自治区提高积极性,认识自身生态文明建设的不足,朝着生态文明建设优良方向发展;对于生态文明建设进步程度处于甘、青、宁三省区中间位置的甘肃省可进一步指明发展方向,持续改进当前的建设状况。因此,本书基于生态文明指标进步率建立生态文明建设绩效评价方法,通过分析甘、青、宁三省区 2011—2016 年的指标数据与 2010 年指标数据的进步程度,从经济发展、社会进步、生态保育和环境改善四个方面测度甘、青、宁三省区的生态文明建设。

(二)计算步骤

首先运用公式(7-1)对四个维度指标数据进行标准化处理,得到无量纲的指标系数。其次,运用熵值法对分维度指标求权重,得到 2011—2016 年指标数据的动态权重;对各年份动态权重取平均得到分维度指标的静态权重,目的是消除动态权重对进步指数计算的影响,也就是说得到的进步指数完全是由指标增长率引起的。最后分维度指标数值乘相应的静态权重并加和,即为评价对象 i 的生态文明建设进步指数,计算公式如下:

$$S_{i进步} = \sum_{j=1}^{m} w_j P_{ij} \qquad (7-3)$$

式中,$S_{i进步}$ 表示评价指标对象 i 的生态文明建设进步指数;w_j 表示指标 j 的权重;P_{ij} 是评级指标对象 i 第 j 项指标的进步评价值。

根据公式(7-3)计算出甘、青、宁三省区 4 个维度的进步指数。但是由于生态文明指数是一个综合评价指标,由 4 个维度指标合成一个综合指数,而每个维度指标对生态文明发展水平同等重要,因此,本书采用等权重方法处理指标的重要性。

三、甘、青、宁三省区生态文明发展水平综合评价

（一）进步指数的测算

根据上述生态文明进步指数的测量公式,分别计算甘、青、宁三省区 2010—2016 年生态文明进步指数,纵向对甘、青、宁三省区的生态文明发展水平进行分析评价。见表7-5。

表7-5　甘、青、宁三省区生态文明建设进步指数

年份 (年)	经济发展			社会进步			生态保育		
	甘肃	青海	宁夏	甘肃	青海	宁夏	甘肃	青海	宁夏
2011	81.102	79.469	78.463	73.151	83.730	79.970	81.675	84.828	76.592
2012	83.036	85.540	69.486	82.654	80.005	78.673	83.266	82.404	73.928
2013	79.511	93.631	63.906	80.129	78.839	79.786	85.207	80.923	75.066
2014	82.259	96.381	63.401	82.003	74.956	80.196	84.711	82.946	77.778
2015	79.053	93.646	65.187	79.935	76.206	78.318	82.414	84.551	77.925
2016	77.882	95.273	65.057	80.883	77.300	79.133	84.913	83.248	76.113

年份 (年)	环境改善			生态文明建设进步指数		
	甘肃	青海	宁夏	甘肃	青海	宁夏
2011	77.084	87.264	79.330	78.253	83.823	78.589
2012	74.207	85.659	76.747	80.791	83.402	74.709
2013	70.841	82.817	78.826	78.922	84.053	74.396
2014	76.630	83.184	72.901	81.401	84.367	73.569
2015	72.450	84.823	75.079	78.463	84.806	74.127
2016	76.574	81.903	76.754	80.063	84.431	74.265

（二）评价结果分析

由表7-5可知,2011—2016年甘、青、宁三省区生态文明建设进步指数时而上升时而下降,总体呈现波动变化态势。其中,甘肃省生态文明建设进步指数经历小幅度下降后,在2014年达到峰值81.401,2015年和2016年生态文明水平有所回落;青

海省生态文明建设进步指数一直处于小范围的波动态势,但总体变动较为平稳,生态文明建设指数在2015年达到峰值84.806,生态文明进步指数较2011年、2012年有所提升,虽然进步不明显,但仍不能否认青海省为生态文明进步所做的努力;宁夏回族自治区生态文明发展水平较甘肃省和青海省有较大的差距,生态进步指数较低,2011—2014年生态文明进步指数有所回落,但2015年开始转而上升。甘、青、宁三省区生态文明进步指数呈现出这样的波动曲线,有其内在的原因。2012年,党的十八大胜利召开,党和政府高度重视生态文明建设,将生态文明上升为国家战略,地处生态脆弱区的甘、青、宁三省区积极响应国家号召,纷纷掀起了生态文明建设的热潮,我国的生态文明建设有了强劲的推动力,生态文明水平重返上升的轨道,2013—2016年,甘、青、宁三省区生态文明进步指数虽仍有变动,但总体还是呈现上升趋势。

如图7-1所示,甘肃省生态文明进步指数在研究期内波动较为明显,在经历前期的波动后,2016年生态文明进步指数在研究期内呈现回升趋势,且发展势头较为强劲;宁夏回族自治区在经历2011—2012年较大幅度的下滑后,2015年转而上升;青海省的生态文明进步指数变化较为平稳,未见明显的下滑趋势。这主要是由于甘、青、宁三省区采取了一系列促进生态文明建设的战略举措,为生态文明建设注入了强劲而持久的推动力。

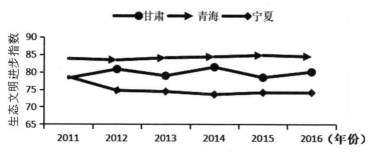

图7-1 甘、青、宁三省区2011—2016年生态文明进步指数的波动

2012年党的十八大将生态文明建设纳入五位一体的总体战略布局,生态文明建设受到了党和政府前所未有的高度重视。为此,全国上下大力推动生态文明建设,不断推出生态文明建设的新政策、新举措[116]。我国西部生态脆弱区省份也积极

响应号召。2016年,甘肃省环保厅出台了《甘肃省环境保护厅关于做好建设项目环评受理"三个规范"工作的通知》,主要从机构管理、文件受理、评估程序三方面对环评机构的工作规范进行了监督。2017年,甘肃省印发了《关于进一步加快推进生态文明制度建设的意见》,从宏观层面而言,甘肃省着重在生态文明体制改革、资源环境问题解决、绿色产业建设等方面进行生态文明制度的构建;就微观层面而言,甘肃省生态文明制度建设主要涉及环境的监管、资源的节约和有偿使用、对绿色产业的支持以及各类示范工程的建设等方面。

2012年青海省第十二次党员代表大会提出,青海省的社会经济发展不能以牺牲自然环境和人民的幸福生活为代价,对三江源应进行更多的保护,打造好青海省生态文明先行示范区的形象。2015年青海省委十二届十次全会和2016年青海省委十二届十一次全会进一步强调了保护生态的重要性和紧迫性。

纵观近年宁夏回族自治区出台的一系列保障全区生态文明建设的政策、制度、法规,足以看出宁夏回族自治区党委、政府决策层对大力推进生态文明建设的重视程度。《2016宁夏生态文明蓝皮书》中明确指出,"十三五"期间,宁夏回族自治区要明确现有各个区域、园区的产业功能定位和产业准入,加快现有产业结构升级,腾出空间和环境容量,扭转资源能源消耗过多、环境压力趋增的产业格局。政府从政策导向上倡导保经济增长与保生态环境相结合、调产业投资结构与调生态投入结构相结合等方面,全面保障生态文明建设[117]。

甘、青、宁三省区生态文明建设进步指数在研究期内走势各异,为更具体地分析其生态文明建设进步指数的变化趋势,探讨其内在影响因素,本书对甘、青、宁三省区2011—2016年经济发展进步指数、社会进步指数、生态保育进步指数和环境改善进步指数4个维度的变化特征进行分析,见图7-2。

2011—2016年,甘肃省社会进步指数和生态保育进步指数呈现波动上升趋势,经济发展进步指数和环境改善进步指数呈现下降趋势,经济发展进步指数下降幅度较大,2016年较2011年降低了3.22。在社会进步和生态保育方面,两项指标在波动中递增,说明甘肃省在人民生活保障和生态保育方面的工作得到了落实。值得注意的是,生态保育进步指数在研究期内相比其他三个维度指标数据较大,说明在整个研究期内甘肃省在生态保育方面所采取的措施较为得当,生态保育进步指数对甘肃省生态文明进步指数的增长起到了促进作用。

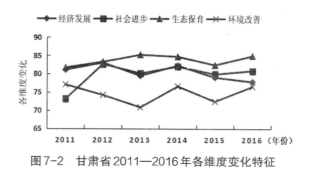

图7-2　甘肃省2011—2016年各维度变化特征

2011—2016年,青海省经济发展指数和生态保育进步指数呈现波动上升趋势,其中,经济发展进步指数上升幅度较大,由2011年的79.469上升到2016年的95.273,上升了15.804。社会进步指数和环境改善进步指数呈现下降趋势,二者相比,社会进步指数的下降幅度较大,由2011年的83.730下降到2016年的77.300,下降了6.43。青海省由于自身省情原因,大部分地区经济较为落后,社会化程度较低,经济发展动力不足。基于此,转变经济发展方式,依托自然生态资源和民族文化资源,发展绿色产业,发挥生态优势对青海省生态文明建设具有重要意义。

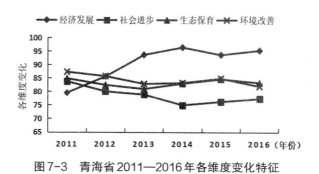

图7-3　青海省2011—2016年各维度变化特征

相比于2011年,宁夏回族自治区2016年4个维度都呈现出下滑趋势,其中,经济发展进步指数和环境改善进步指数的变化尤为明显,经济发展进步指数由2011年的78.463下降到2016年的65.057。值得注意的是,在宁夏回族自治区4个维度的进步指数中,经济发展的进步指数指标数据整体偏低,经济发展对生态文明建设的拉动性不强,因此,宁夏回族自治区应积极调整产业结构的优化升级,在保护生态环境、合理利用开发生态资源的前提下提升宁夏回族自治区的经济发展水平。

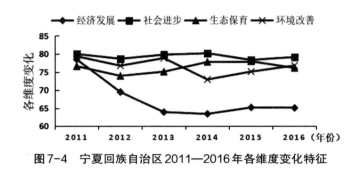

图7-4　宁夏回族自治区2011—2016年各维度变化特征

第三节　本章小结

本章运用进步指数对甘、青、宁三省区生态文明建设成效进行综合评价,研究结果表明,2011年以来甘、青、宁三省区生态文明建设整体上取得不断进步,但是进展相对缓慢。

甘肃省社会进步和生态保育工作措施较为得当,效果比较明显,有力带动了生态文明建设的不断推进。但是经济发展和环境改善工作仍然是甘肃省生态文明建设中较弱的环节,整体上较为落后。

近些年来,青海省经济高速发展,但是在高速发展的背后,却是以粗放型经济为主的发展模式。以粗放型经济为主来促进青海省的经济发展对生态环境造成了一定的影响,因此青海省生态文明建设应把生态建设与经济建设结合起来,这也是青海省走可持续发展之路的必然要求。

宁夏回族自治区生态文明建设进步指数虽然较其他两省数值低,但是从2014年到2016年呈现整体好转、局部优化的趋势,分维度的生态文明建设取得了相应的进展,社会进步方面的工作进一步优化发展,生态环境总体改善。宁夏回族自治区在后续发展过程中需要重点保护生态环境,协调经济发展与生态环境之间的矛盾,逐步弱化环境压力与生态承载力之间的矛盾、生态失调与生态平衡之间的矛盾。

第三部分
市域层面的测度
——基于甘肃省各市州数据

第二部分从省域层面研究甘、青、宁三省区生态文明的进步指数,而市域层面生态文明的建设是省域生态文明建设的基础,因此这一部分以甘肃省的城市为例,强调生态文明建设的细节管理和内部把握。

本部分包含四章内容,第八章从水平和潜力方面研究甘肃省城市生态文明建设当前的现状和发展潜力;第九章则是对甘肃省生态文明建设中的区域竞争关系进行分析,第十章在内容上更关注生态经济系统运行的协调性;第十一章根据前三章定量分析结果给出结论和相关建议,以期为甘肃省生态文明的建设提供参考性意见。

第八章

甘肃省城市生态文明建设评价

随着我国经济社会的不断发展,当前对生态文明的建设也愈加重视。习近平总书记强调,生态环境保护和生态文明建设,是我国持续发展最为重要的基础,必须把生态文明建设放在突出位置来抓,尊重自然、顺应自然、保护自然,筑牢国家生态安全屏障,实现经济效益、社会效益、生态效益相统一[111]。有效的生态文明水平的测度能更好地反应区域的生态安全环境现状,对区域改善生态环境具有指导意义。本书通过对国内外相关文献的分析发现,国外相关的指标评价体系通常是以全球或者大洲等大空间尺度为研究对象,因此,其中的某些指标并不适用于我国或者小区域的生态文明评价。尤其我国西部生态脆弱区,由于其本身生态环境较为恶劣,部分指标并不能代表研究区域的生态现状。鉴于此,本章将我国西部生态脆弱区之一——甘肃省作为研究载体,借鉴部分绿色指标,根据甘肃省的生态环境现状,运用生态位态势理论,定量分析甘肃省城市生态文明发展水平与发展潜力。

第一节　评价指标体系的构建

一、指标体系构建思路

生态文明建设是以实现"人、自然、社会"三者的友好发展为目的,因此,这就需要城市生态经济系统内部各领域协调运作。对于区域生态文明水平的测度,主要通过建立科学的评价指标体系,对其进行量化和分析。合理科学的指标体系构建是甘肃省生态文明建设评价与水平测度的核心和基础[118]。基于此,本节根据目前甘肃省各市州城市生态位的不断发展与变化情况,以城市生态位作为生态文明建设的评估维度,建立甘肃省城市生态位的评价指标体系。为保证评价指标体系的全面性和完整性,考虑甘肃省作为生态脆弱区的现状,本节在测度甘肃省14个市州生态文明建设水平时,从经济发展、社会发展、基础设施、生态环境四个维度构建评价指标体系。以经济发展水平、经济发展质量和生活质量衡量经济发展维度;以人口规模与社会服务衡量社会发展维度;以人文环境和绿色生活衡量基础设施维度;以环境治理、环境压力、生态容量和效率指标衡量生态环境维度。本节较以往研究有较大改进的方面在于生态环境维度指标的选取。本节指标的选取在可操作基础上力求完善,综合考虑了环境治理与生态保护,除引入环境压力与环境效率指标外,更注重发展的全面性与均衡性。另一较大的突破是借鉴部分绿色发展指数指标,并结合生态位理论和现有生态文明评价指标体系构建经验以及甘肃省的实际情况,遵循了科学性、代表性、可比性、适用性、可操作性等原则。本节将城镇生态位划分为经济发展维度、社会发展维度、基础设施维度、生态环境维度等四个维度,基于此构建甘肃省14个市州生态位评价指标体系。

二、评价指标体系及构成

甘肃省生态文明指标评价体系是由多维度指标构成的。不同的指标具有不用的内涵,因此需要进行分别说明,以便对不同维度上指标的具体表现程度做出更翔实的评价。生态文明指标评价体系主要包括以下四个维度:

(一)经济发展维度指标体系的构建

经济发展是指一个国家摆脱贫困落后状态,走向经济和社会生活现代化的过程,其包括三层含义:经济量的增长、经济结构的改进和优化、经济质量的改善和提高。根据经济发展的含义[119],衡量甘肃省城市经济发展,要充分考虑城市经济系统运行的完整性、健康性和可持续发展性。因此,本章分别从经济发展水平、经济发展质量和生活质量三个方面进行考察。经济发展水平方面的指标包括人均GDP、人均第三产业产值、人均固定资产投资额与人均社会消费品零售总额等四项指标;经济发展质量方面的指标包括人均GDP增长率、研究与试验发展经费支出占GDP比重、第三产业产值占GDP比重等三项指标;生活质量方面的指标包括城镇居民家庭恩格尔系数、人均城乡居民储蓄存款、人均一般公共预算收入、城镇居民人均可支配收入、农村居民人均可支配收入五项指标,见表8-1。

表8-1　经济发展维度指标体系

领域	角度	指标
经济发展维度	经济发展水平	人均GDP
		人均第三产业产值
		人均固定资产投资额
		人均社会消费品零售总额
	经济发展质量	人均GDP增长率
		研究与试验发展经费支出占GDP比重
		第三产业产值占GDP比重
	生活质量	城镇居民家庭恩格尔系数
		人均城乡居民储蓄存款
		人均一般公共预算收入
		城镇居民人均可支配收入
		农村居民人均可支配收入

(二)社会发展维度指标体系的构建

表8-2　社会发展维度指标体系

领域	角度	指标
社会发展维度	人口规模	15~64岁人口占比
		总抚养比
		城镇化率
		城镇人口密度
	社会服务	人均社会服务民政经费
		在岗职工平均工资
		万人拥有文化事业机构数
		万人拥有R&D人员数
		万人拥有卫生机构床位数
		万人拥有卫生机构人员数
		万人拥有养老服务机构数
		万人拥有普通中学学校数
		万人拥有普通中学专任教师数

在社会发展方面,要充分考虑城市的社会发展水平与文明程度。因此,本章分别从人口规模和社会服务两个方面选取指标。人口规模方面的指标包括15~64岁人口占比、总抚养比、城镇化率及城镇人口密度;社会服务方面的指标包括人均社会服务民政经费、在岗职工平均工资、万人拥有文化事业机构数、万人拥有R&D人员数、万人拥有卫生机构床位数、万人拥有卫生机构人员数、万人拥有养老服务机构数、万人拥有普通中学学校数和万人拥有普通中学专任教师数,见表8-2。

(三)基础设施维度指标体系的构建

在基础设施方面,要充分考虑城市基础设施的完善程度,这是因为城镇基础设施的建设是城镇经济发展和资源开发的重要根基,是城镇更美好、更快捷、更方便发展的重要保障。其指标包含人文环境和绿色生活两个方面,人文环境方面的指标主要包括人均邮电业务总量、人均实有道路面积、人均清扫保洁面积、城镇用水普及率、城镇燃气普及率、万人拥有城镇排水管道长度、万人拥有城镇道路照明灯数、万人拥有公共卫生间数、万人拥有市容环卫专用车辆设备数九项指标;绿色生活方面的指标主要包括城市建成区绿地率、万人拥有城镇园林绿地面积、万人拥有公园面积三项指标,见表8-3。

表8-3 基础设施维度指标体系

领域	角度	指标
基础设施维度	人文环境	人均邮电业务总量
		人均实有道路面积
		人均清扫保洁面积
		城镇用水普及率
		城镇燃气普及率
		万人拥有城镇排水管道长度
		万人拥有城镇道路照明灯数
		万人拥有公共卫生间数
		万人拥有市容环卫专用车辆设备数
	绿色生活	城市建成区绿地率
		万人拥有城镇园林绿地面积
		万人拥有公园面积

（四）生态环境维度指标体系的构建

良好的生态环境是生态文明建设的内在要求和立足点,因此,在生态环境方面,首先要考虑城市生态系统的协调性。城市的自然生态环境直接影响着城镇的建设、规划、管理以及城镇生态经济系统运行的协调性与可持续能力。而甘肃省生态环境较为脆弱,生态环境指标的选取更应具有代表性,基于此,本章分别从环境治理、环境压力、生态容量和效率指标四个方面进行考察。环境治理方面的指标包括空气质量好于二级的天数比例、万人拥有废水治理设施数、化学需氧量排放总量减少率、二氧化硫排放总量减少率、氨氮排放总量减少;环境压力方面的指标包括人均废水排放量、人均工业废气排放量及人均日生活用水量;生态容量方面的指标包括生物丰度指数、植被覆盖指数、水网密度指数、环境质量指数;效率指标方面的指标主要包括工业固体废物综合利用率、单位GDP废气排放量和单位GDP废水排放量,见表8-4。

表8-4　生态环境维度指标体系

领域	角度	指标
生态环境维度	环境治理	空气质量好于二级的天数比例
		万人拥有废水治理设施数
		化学需氧量排放总量减少
		二氧化硫排放总量减少率
		氨氮排放总量减少率
	环境压力	人均废水排放量
		人均工业废气排放量
		人均日生活用水量
	生态容量	生物丰度指数
		植被覆盖指数
		水网密度指数
		环境质量指数
	效率指标	工业固体废物综合利用率
		单位GDP废气排放量
		单位GDP废水排放量

$$I_{eri} = 0.4 \times \left(100 - A_{SO_2} \times \frac{Q_{SO_2}}{S}\right) + 0.4 \times \left(100 - A_{COD} \times \frac{Q_{COD}}{L}\right) + 0.2 \times \left(100 - A_{SOL} \times \frac{Q_{sol}}{S}\right)$$

式中，I_{eri} 表示环境质量指数；A_{SO_2} 表示 SO_2 排放量的归一化系数；Q_{SO_2} 表示 SO_2 排放量；A_{COD} 表示化学需氧量的归一化系数；S 表示区域面积；L 表示区域年均降水量；Q_{sol} 表示固体废物排放量；Q_{COD} 表示 COD 排放量；A_{SOL} 表示固体废物排放量的归一化系数。

$$I_{bri} = \frac{A_{bio} \times \left(0.5 \times S_w + 0.3 \times S_w + 0.15 \times S_g + 0.05 \times S_e\right)}{S}$$

式中，I_{bri} 表示生物丰度指数；S_w 表示林地面积；S_g 表示草场面积；S_e 表示其他面积；A_{bio} 表示生物丰度指数的归一化系数。

$$C_{veg} = A_{veg} \times \left(\frac{0.5 \times S_f + 0.3 \times S_g + 0.2 \times S_c}{S}\right)$$

式中，C_{veg} 表示植被覆盖率；A_{veg} 表示植被覆盖指数的归一化系数；S_f 表示林地面积；S_g 表示草场面积；S_c 表示农田面积。

$$I_{wnd} = A_{riv} \times \frac{L_{riv}}{S} + A_{lak} \times \frac{S_{lak}}{S} + A_{res} \times \frac{S_{wat}}{S}$$

式中，I_{wnd} 表示水网密度指数；A_{riv} 表示河流长度的归一化系数；A_{lak} 表示湖库面积的归一化系数；A_{res} 表示水资源量的归一化系数；L_{riv} 表示河流长度；S_{lak} 表示湖库面积；S_{wat} 表示水域面积。

三、市域指标体系与省域指标体系的比较

在对省域层面的生态文明建设测度和市域层面的生态文明建设测度的评价过程中，采用的指标评价体系并不相同，但是这并不影响两个层面评价的结果，换句话说，所研究的测度层面不相同，则选择的评价指标体系不同。指标体系的建立，研究层面越大，指标越具有一般性，反之越具体。相比于省域层面，市域层面是小范围研究，兼具中微观研究，目的是了解甘肃省 14 个市州生态文明建设的具体特征与发展潜力。因此相较于省域层面指标的宏观性，市域所选取的指标更具体，更合适当前甘肃省 14 个市州生态文明现状。在指标测度的过程中，同时对指标数据进行静态评价与动态评价，此外还进行空间关联特征测度，时空结合，全面把握。生态位理论就可以满足这一要求，既可以反映当前甘肃省生态文明建设的现状，又可以反映甘肃省生态文明建设的潜力。

在指标选取方面,无论是市域层面还是省域层面都充分考虑了生态经济系统发展的特性与共性,所选取的指标均涉及区域社会经济发展状况和生态环境改善状况等。以经济发展和社会进步反映区域经济社会发展状况,体现生态文明对人与自然和谐相处的核心价值取向,所选指标能够较为全面地反映地区生态文明建设水平的高低及其符合生态文明内涵与要求的程度;在生态环境改善方面,充分考虑了区域自然条件以及生态环境保护的成效。但是,由于研究层面的不同,市域指标和省域指标的选取主要有以下几点不同:

①指标选取领域不同。省域指标选取的领域为经济发展、社会进步、生态保育和环境改善方面,指标侧重突出甘、青、宁三省区生态脆弱特性,尤其表现在生态保育和环境质量的改善方面;市域指标选取的领域为经济发展、社会发展、基础设施建设和生态环境方面,指标侧重甘肃省14个市州城市综合发展。

②指标评价角度不同。省域指标以经济发展的水平结构和国民收入,衡量甘、青、宁三省区的经济发展,以社会发展、基础设施建设和居民绿色生活衡量社会进步;在生态保育方面,从生态系统的供需关系角度考虑生态容量和生态安全;在环境质量改善方面,充分考虑了环境压力和环境治理。在市域层面,以经济发展水平、经济发展质量和居民生活质量衡量经济发展水平,以人口规模和社会服务衡量社会发展水平;在基础设施方面,考虑了人文环境和绿色生活;在生态环境方面着重考虑了环境治理、环境压力、生态容量和效率指标。

③指标数据量纲不同。省域指标数据选取以2010年为基期的进步率数据对甘、青、宁三省区生态文明建设的进步程度进行评价。市域指标数据既包括进步率指标又包括现状指标,以此研究甘肃省14个市州生态文明建设的具体特征与现状潜力。

第二节　甘肃省各市州生态文明建设综合评价

一、数据获得及预处理

本书这部分所需要的数据主要来源为2009—2016年中国经济与社会发展统计数据库、中国及甘肃省统计局网站、电子年鉴、中国经济网产业数据库、相关统计年鉴以及地球生命力报告等。相关的数据经计算整理得到,其中个别指标在个别年份的缺失,通过插值法进行填补。

在数据的计算过程中,由于选取的各指标的量纲大小不同,直接对原始数据计算会对结果产生一定的影响,因此这里采用指数化方法对原始数据进行无量纲化处理,从而增强生态文明评价指标体系的合理性与科学性。指标类型包括正向指标和逆向指标,报告对这两类指标采用不同的方法处理,X_i' 表表示城市生态位指标 i 的无量纲化值;X_i 表示城市生态位指标 i 的原始数值;X_{max} 表示城市生态位指标 i 的最大值;X_{max} 表示城市生态位指标 i 的最小值。

(一)正向指标

生态文明指标体系中的正向指标包括人均GDP、人均第三产业产值、人均固定资产投资额、人均社会消费品零售总额、人均GDP增长率、研究与试验发展经费支出占GDP比重、第三产业产值占GDP比重、人均城乡居民储蓄存款、人均一般公共预算收入、城镇居民人均可支配收入、农村居民人均可支配收入、15~64岁人口占比、总抚养比、城镇化率、城镇人口密度、万人拥有卫生机构床位数、万人拥有卫生机构人员数、万人拥有文化事业机构数、万人拥有普通中学学校数、万人拥有普通中学专任教师数、万人拥有R&D人员数、人均社会服务民政经费、在岗职工平均工资、万人拥有养老服务机构数、人均邮电业务总量、人均实有道路面积、人均清扫保洁面积、城镇用水普及率、城镇燃气普及率、万人拥有城镇排水管道长度、万人拥有城镇道路照明灯数、万人拥有公共卫生间数、万人拥有市容环卫专用车辆设备数、城市建成区绿地率、万人拥有城镇园林绿地面积、万人拥有公园面积、空气质量好于二级的天数比例、万人拥有废水治理设施数、化学需氧量排放总量减少率、二氧化硫排放总量减少率、氨氮排放总量减少率、生物丰度指数、植被覆盖指数、水网密度指数、环境质量指数和工业固体废物综合利用率,共46个,这类指标处理方式为:

$$X_i' = \frac{X_i}{X_{max}} \tag{8-1}$$

(二)逆向指标

逆向指标包括城镇居民家庭恩格尔系数、人均废水排放量、人均工业废气排放量、人均日生活用水量、单位GDP废气排放量和单位GDP废水排放量,共6个,这类指标的处理方式为:

$$X_i^{'} = \frac{X_{\min}}{X_i} \tag{8-2}$$

在生态文明评价指标体系中还存在一类特殊的指标,包括人均GDP增长率、化学需氧量排放总量减少率、二氧化硫排放总量减少率及氨氮排放总量减少率,这类指标的相关计算数值显示为负数。为了不影响后续运用熵值法计算权重,本书对这部分指标采用坐标平移法进行处理,以保持数据指标在整个时间序列的一致性。这种数据处理方法对生态文明指标体系的测度计算的结果不产生影响。

二、甘肃省各市州生态位测算

本部分运用2010—2016年甘肃省14个市州的统计数据,按照所建立的甘肃省各市州生态位各维度评价指标体系,建立生态位态势模型及生态位计算公式(3-16)对构成甘肃省14个市州生态位指标的四个维度进行计算,得出每个维度的生态位;最后运用公式(3-18),计算出甘肃省14个市州的综合生态位。

表8-5 2016年甘肃省14个市州生态位排序表

城市	经济发展生态位		排名	社会保障生态位		排名	基础设施生态位		排名	生态环境生态位		排名	加权综合生态位	排名
	态	势		态	势		态	势		态	势			
兰州	9.894	3.224	3	8.999	-0.345	4	7.073	0.856	3	8.729	-0.289	12	0.081	6
嘉峪关	10.019	2.594	1	10.362	0.639	1	11.657	-0.100	2	6.648	1.100	10	0.142	1
金昌	7.864	0.826	5	8.497	0.760	3	6.129	-0.198	4	7.332	-0.508	13	0.056	10
白银	5.490	1.461	8	8.098	0.531	8	4.141	0.066	9	8.914	-0.569	7	0.046	12
天水	5.104	1.304	10	7.530	0.045	9	3.463	-0.090	12	10.837	-0.609	3	0.071	7
武威	5.563	1.431	9	8.027	0.194	7	3.532	2.166	5	9.874	-1.458	8	0.054	11
张掖	6.172	1.598	6	8.264	0.317	6	4.794	8.693	1	10.045	-1.340	14	0.088	5
平凉	5.110	1.092	13	7.313	-0.231	12	3.778	0.119	11	10.455	-0.236	11	0.021	14
酒泉	8.355	1.974	4	7.966	0.522	5	4.849	-0.323	10	8.849	-0.662	9	0.064	8
庆阳	5.405	0.904	12	7.792	0.062	10	3.729	1.759	7	11.551	0.170	2	0.103	2
定西	4.630	2.774	2	7.940	1.354	2	2.939	-0.183	13	10.632	0.068	5	0.096	3
陇南	4.704	1.628	7	6.980	0.154	11	2.579	2.996	6	10.681	-0.910	6	0.061	9

城市	经济发展生态位		排名	社会保障生态位		排名	基础设施生态位		排名	生态环境生态位		排名	加权综合生态位	排名
	态	势		态	势		态	势		态	势			
临夏	4.586	0.561	14	7.412	−0.680	14	2.739	0.826	8	10.637	−0.064	4	0.032	13
甘南	5.127	1.781	11	7.993	−0.224	13	2.513	0.055	14	12.580	3.485	1	0.086	5

根据德尔菲法确定经济发展维度、社会保障维度、基础设施维度和生态环境维度的权重分别为0.25、0.2、0.2和0.35。在指标赋权时,考虑到本书的研究对象为生态脆弱区,因此在赋权中突出生态环境指标的重要性,赋以最高的权重,这也是较以往研究有较大改进的地方。由此得到加权综合生态位,具体数值结果及排名见表8-5(表8-5仅为2016年甘肃省各市州生态位排序表,其余年份生态位排序表可见附表9~13)。

三、甘肃省各市州生态位特征分析

利用生态位理论测度甘肃省14个市州的生态文明建设状况,主要从两个维度进行分析:第一,各维度生态位值以及加权生态位强度分析,测度生态位总量指标变化程度;第二,分维度生态位态势分析,测度生态位的具体特征和发展潜力。

(一)各市州生态经济子系统生态位强度特征分析

由表8-5可知甘肃省14个市州各维度生态位的特征为:

从经济发展维度生态位来看,排在第一位的为嘉峪关市,其次为定西市和兰州市,这三个城市的第三产业、研究与试验发展投入较其他城市更完善,为城市自身发展提供了经济保障;排在后三位的城市为庆阳市、平凉市和临夏州,特别是平凉市和临夏州,选取的经济发展维度指标排名均靠后,说明这三个市州的经济水平有较大的提升空间。

从社会保障维度生态位来看,排在第一位的城市为嘉峪关市,其次为定西市和金昌市,说明这三个城市的社会保障体系较其他城市完善,城市人文环境与绿色生活水平较高,具体表现在文化、卫生机构数、养老服务方面。排在后三位的城市为平凉市、甘南州和临夏州,说明这三个城市的社会保障体系有所欠缺,与其他城市仍然存在差距。

从基础设施维度生态位来看,排在前三位的城市为张掖市、嘉峪关市和兰州市,说明这三个城市的基础设施完善程度较高,为城市经济发展和资源开发提供了保障;排在后三位的城市分别为天水市、定西市和甘南州,这三个城市的基础设施水平有待完善。

从生态环境维度生态位来看,甘南州排在第一位,其次为庆阳市和天水市,说明这三个城市的环境治理效果较为显著,城市生态容量较高,环境压力相较其他城市较小,为城市的可持续发展提供了环境保障;排在后两位的城市分别是金昌市和张掖市,这两个城市的生态环境生态位与经济发展维度生态位排名相差较大,表明这两个城市在经济发展过程中,是以牺牲环境为代价的,同时也说明这两个城市环境压力较大:自然生态环境的保护力度欠缺,生态环境竞争力亟须改善。

(二)各市州生态经济子系统生态位态势特征分析

城市生态位强度是对一个城市生存能力、发展能力和进化能力的综合评估,其中包括现状值(态),也包括潜力值(势)。基于此,本章从城市生态位的发展具体特征(态)和生态位的发展潜力(势)两方面对甘肃省14个市州的生态文明建设进行分析。

从经济发展维度生态位来看,"态"排在前三位的城市为嘉峪关市、兰州市和酒泉市,表明这三个城市生态位发展现状较好,在甘肃省城市经济发展中处于领先地位;同时也可以注意到,经济发展排名靠前的城市,其生态位的"势"同样占优,而排名靠后的城市,其"势"同样不容乐观。

从社会保障维度生态位来看,"态"排在前三位的城市为嘉峪关市、兰州市和金昌市,表明这三个城市社会保障制度及措施较为完善,为自身社会经济的发展提供了坚实的保障;就发展潜力值"势"来看,排在前三位的城市为金昌市、嘉峪关市和白银市,金昌市和嘉峪关市的"态势"排名较为稳定,白银市后来居上,虽然白银市社会保障生态位总体排名较为靠后,但其具有较强的发展潜力。

从基础设施维度生态位来看,"态"排在前三位的城市为嘉峪关市、兰州市和金昌市,表明这三市基础设施建设较为完善;"势"排在前三位的城市为张掖市、陇南市和武威市,这三个城市具有良好的发展潜力,三个市的政府部门应紧抓强劲发展势头,促进三市基础设施生态位进一步完善发展。

从生态环境维度生态位来看,"态"排在前三位的城市为甘南州、庆阳市和天水市,生态环境现状处于甘肃省城市前列;"势"排在前三位的城市为甘南州、嘉峪关市和庆阳市,综合发展"态势"看,甘南州排名较为稳定,对于甘南州来说,应充分利用生态环境优良特性,同时积极进行经济社会发展,提高自身综合生态位。

表8-6 相关性分析

	Y	X_1	X_2
Y	1	0.670	0.564
X_1	0.670	1	0.244
X_2	0.564	0.244	1

为综合探讨态势理论在城市生态位中的作用,相关性分析以2016年甘肃省14个市州各维度"态"加和作为自变量(X_1),以"势"加和作为自变量(X_2),以加权综合生态位作为因变量(Y),探讨城市生态位综合值与生态位态势之间的关系。表8-6显示三者的相关系数,加权生态位值与"态"和"势"的相关系数分别为0.670和0.564,说明在目前阶段现状值在城市生态位中发挥更重要的作用。

为更清晰反映甘肃省城市生态文明建设格局情况,对甘肃省14个市州的加权综合生态位结果进行层次聚类,运用SPSS 20.0统计分析软件,采用系统聚类法,使用WARD方法聚类,平方欧氏距离法测量类间距离,结果见图8-1[120]。

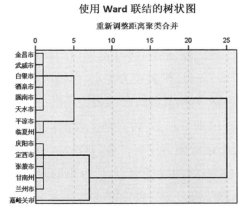

图8-1 甘肃省城市生态文明建设层次聚类谱系图

根据图8-1,甘肃省城市生态文明建设主要分为四个等级,第一等级的城市只包括嘉峪关市,其综合生态位为0.142,生态文明建设水平处于甘肃省城市榜首位置,生态文明建设状况良好。嘉峪关市城市综合生态位的四个维度,除生态环境生态位排名较为靠后外,其余三个维度的排名均居前列,体现了嘉峪关市的领头羊地位;第二等级的城市包括庆阳市、定西市、张掖市、甘南州和兰州市,生态位强度介于0.08和0.12之间,生态文明建设有待进一步加强;第三个等级的城市包括天水市、酒泉市、陇南市、金昌市、武威市和白银市,生态位强度介于0.04和0.08之间,与第一等级城市的生态位强度差距较大,生态文明建设水平较低;第四等级的城市包括平凉市和临夏州,生态位强度小于0.05,处于生态位强度的末端,生态位强度与前三个等级相差较大,生态文明建设处于甘肃省各城市的末端。

在本节中,利用生态位计算公式,得到甘肃省各市州的生态位,进而得到甘肃省城市当前的生态文明建设状况。为进一步了解甘肃省各市州的发展状态及空间关系,以2011年和2016年数据进行全局空间自相关分析和局部空间自相关分析,得到甘肃省城市在空间集聚的变化过程。

四、甘肃省各市州生态位空间相关性分析

为探求城市空间的自组织类型,报告利用STATA软件对甘肃省14个市州2011年和2016年生态位强度的空间集聚效应进行分析,以探讨城市空间集聚类型的变化过程,结果见图8-2、8-3。

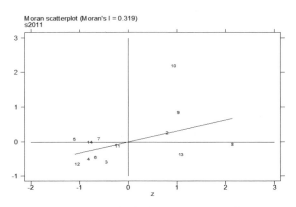

图8-2　2011年生态位 *Moran's I* 散点图

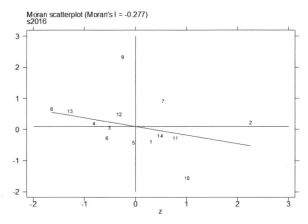

图8-3　2016年生态位 *Moran's I* 散点图

由图可知,甘肃省2016年14个市州的空间自相关性较2011年发生很大的变化。总体看来,2011年,全局 *Moran's I* 指数为0.319,表明甘肃省城市经济发展生态位呈现空间正相关,即生态位值较高的城市与生态位值较高的城市相邻,生态位值较低的城市与生态位值较低的城市相邻。2016年全局 *Moran's I* 指数为-0.277,空间集聚类型呈现负相关。

具体看来,2011年第一象限包括嘉峪关市、酒泉市和庆阳市,属于"高—高"集聚类型,表示区域本身和周边区域经济发展生态位强度都高;第二象限包括天水市、张掖市、甘南州,属于"低—高"集聚类型,表示区域本身经济发展生态位强度低;第三象限包括兰州市、金昌市、白银市、武威市、定西市和陇南市,属于"低—低"集聚类型,表示区域本身和周边区域城市的经济发展生态位强度都比较低;第四象限包括平凉市和临夏州,属于"高—低"集聚类型,表示区域本身经济发展生态位强度高,而周边城市生态位强度低。

随着经济社会不断发展,2016年,生态位空间集聚类型发生了较大变化:第一象限包括嘉峪关市和张掖市,属于"高—高"集聚类型,说明这两个城市的发展对周边城市具有辐射带动作用,能促进城市更好地发展;第二象限包括白银市、平凉市、酒泉市、陇南市和临夏州,属于"低—高"集聚类型,说明这些城市自身生态位强度较低,但与生态位较高的城市相邻;第三象限包括金昌市、天水市和武威市,属于"低—低"集聚类型,区域本身和周边区域城市的经济发展生态位强度都比较低,社会经济的发展缺少带动作用;第四象限包括兰州市、庆阳市、定西市和甘南州,属于"高一低"集聚类型,区域本身经济发展生态位强度高,而周边城市生态位强度低,说明这四个城市尚不能有效推动周边城市发展,不能起到辐射带动作用。

由城市经济发展生态位空间自相关分析可知,2011年,全局 *Moran's I* 指数为正,甘肃省城市生态位呈现全局正相关。从整体上看,相邻城市的经济发展生态位具有相同特征,生态位较高的市州和生态位较高的市州相邻,并且从 *Moran's I* 散点图可知,对周边城市具有辐射带动作用的有嘉峪关市、酒泉市和庆阳市。2016年,全局 *Moran's I* 指数为负,甘肃省城市生态位呈现全局负相关,对周边城市具有辐射带动作用的城市增多。虽然具有辐射带动作用的城市增多,但区域内部发展存在的竞争关系不可避免。为了更好地改善城市之间互相占有资源位的现象,分析甘肃省区域城市发展的竞争关系具有重要的理论指导意义。

第三节　本章小结

本章主要研究甘肃省14个市州城市生态位强度特征,得到如下结论:

第一,甘肃省城市生态文明建设的有序性有待提高。

从发展水平来看,各市州发展水平存在差异性,生态文明建设水平较高的城市与生态文明建设水平较低的城市差距较大;从发展潜力来看,各市州发展潜力也不尽相同,但总体看来,在甘肃省区域生态文明建设过程中,水平现状值发挥着更加重要的作用。

第二,甘肃省城市集聚效应随着时间的改变而发生变化。

由空间相关性分析可知,2016年兰州市、庆阳市、定西市和甘南州属于"高一低"集聚类型,不能对周边城市起到有效的辐射带动作用,因此这些城市应以生态位特化为主,强调合作和共享,减少与周边城市的差距,带动周边城市的发展。

嘉峪关市和张掖市属于"高一高"集聚类型,对周边城市具有辐射带动作用,因此两市应通过与周边城市的合作以及区域规划,实现与周边城市的功能互补。

白银市、平凉市、酒泉市、陇南市和临夏州,属于"低一高"集聚类型,区域本身城市生态位强度低,周边区域强度高,这类城市应找准自身定位,加强与周边生态位强度高的城市的合作。

　　金昌市、天水市和武威市,属于"低—低"集聚类型,区域本身和周边区域城市生态位强度都比较低。这三个城市应加强与以上各层次城市的合作,逐步提高城市对资源利用的能力,拓展生态位宽度,以综合利用资源能力的提升来巩固城市的发展,实现城市生态位的泛化。

第九章

甘肃省生态文明建设中的区域竞争关系分析

全局与局部自相关只能对区域发展的空间相关性进行分析,并不能进一步具体揭示城市与城市之间发展的空间竞争关系与发展相似性特征,下面将借鉴生态位重叠理论来分析甘肃省各市州生态位空间竞争关系与发展相似性特征[120]。

第一节　生态位重叠矩阵计算及分析

一、生态位重叠矩阵的获得

根据前文构建的生态位各维度指标体系,利用生态位重叠度计算公式,本章分别计算甘肃省城市经济发展维度、社会发展维度、基础设施维度、生态环境维度以及加权城市综合维度的生态位重叠矩阵。下面仅列出城市经济发展维度重叠矩阵,如表9-1所示(社会发展维度、基础设施维度、生态环境维度,见附表14~16)。

表9-1　城市经济发展维度重叠矩阵

城市	兰州	嘉峪关	金昌	白银	天水	武威	张掖	平凉	酒泉	庆阳	定西	陇南	临夏	甘南
兰州	1	0.93	1.14	1.471	1.379	1.398	1.362	1.388	1.067	1.477	1.336	1.34	1.285	1.397
嘉峪关	0.93	1	1.206	1.397	1.271	1.312	1.31	1.274	1.047	1.402	1.213	1.216	1.152	1.271
金昌	0.729	0.77	1	1.224	1.154	1.166	1.125	1.16	0.859	1.235	1.127	1.118	1.062	1.114
白银	0.544	0.516	0.708	1	0.984	0.962	0.9	0.99	0.659	1.003	0.997	0.989	0.957	0.971
天水	0.514	0.473	0.672	0.991	1	0.955	0.886	1.001	0.624	0.986	1.025	1.016	0.994	0.982
武威	0.548	0.514	0.715	1.02	1.005	1	0.926	1.017	0.681	1.031	1.024	1.013	0.977	0.99
张掖	0.608	0.584	0.785	1.085	1.062	1.054	1	1.067	0.731	1.085	1.07	1.061	1.029	1.047
平凉	0.512	0.47	0.669	0.988	0.992	0.957	0.883	1	0.635	0.995	1.018	1.008	0.981	0.974

城市	兰州	嘉峪关	金昌	白银	天水	武威	张掖	平凉	酒泉	庆阳	定西	陇南	临夏	甘南
酒泉	0.802	0.786	1.01	1.339	1.26	1.305	1.231	1.293	1	1.392	1.256	1.254	1.188	1.272
庆阳	0.53	0.503	0.693	0.973	0.951	0.944	0.873	0.968	0.665	1	0.962	0.955	0.915	0.935
定西	0.466	0.423	0.615	0.941	0.961	0.912	0.837	0.963	0.584	0.936	1	0.992	0.973	0.952
陇南	0.475	0.431	0.62	0.948	0.967	0.916	0.842	0.968	0.591	0.944	1.006	1	0.982	0.964
临夏	0.469	0.42	0.606	0.944	0.973	0.909	0.841	0.969	0.577	0.931	1.016	1.011	1	0.973
甘南	0.521	0.474	0.65	0.979	0.984	0.942	0.876	0.985	0.631	0.973	1.017	1.015	0.995	1

由表9-1城市经济发展维度生态位可知,兰州市和嘉峪关市对二者之外的其他城市的生态位重叠度普遍大于1,而其他各城市对兰州市和嘉峪关市的城市生态位重叠度均在0.4~0.8,表明兰州市和嘉峪关市在甘肃省城市系统中竞争优势明显。金昌市除对兰州和嘉峪关的生态位重叠度小于1外,对其余各城市的生态位重叠度也大于1,表明在甘肃省14个市州中,金昌市在城市经济发展中竞争优势也较为明显。定西市所承受的来自其他城市的竞争压力较高,除白银市和庆阳市外均大于1;而它给其他城市造成的竞争压力均小于1,初步估计定西市在甘肃省城市系统中竞争优势最弱。

由于区域生态系统是完整的——城市经济发展维度、社会发展维度、基础设施维度、生态环境维度四个维度并不是彼此独立的,依据前文分析,可以判断应采用和B_q法,计算出甘肃省各市州综合生态位重叠矩阵,如表9-2所示。

表9-2　城市生态位重叠矩阵

城市	兰州	嘉峪关	金昌	白银	天水	武威	张掖	平凉	酒泉	庆阳	定西	陇南	临夏	甘南
兰州	1	0.84	1.054	1.149	1.072	1.136	1.053	1.093	1.011	1.092	1.08	1.095	1.14	1.095
嘉峪关	1.006	1	1.196	1.186	1.054	1.155	1.137	1.126	1.095	1.094	1.09	1.08	1.137	1.097
金昌	0.809	0.763	1	1.036	0.949	1.001	0.961	0.991	0.923	0.955	0.969	0.976	1.003	0.946
白银	0.732	0.652	0.851	1	0.945	0.973	0.897	0.973	0.861	0.936	0.988	0.991	1.003	0.945
天水	0.714	0.609	0.797	0.973	1	0.986	0.866	0.966	0.813	0.955	1	1.003	1.03	0.956
武威	0.726	0.643	0.814	0.968	0.953	1	0.877	0.942	0.846	0.951	0.978	0.976	1.006	0.943

城市	兰州	嘉峪关	金昌	白银	天水	武威	张掖	平凉	酒泉	庆阳	定西	陇南	临夏	甘南
张掖	0.788	0.722	0.928	1.056	0.99	1.035	1	1.038	0.941	0.985	1.042	1.03	1.053	1.003
平凉	0.725	0.652	0.837	0.997	0.96	0.968	0.905	1	0.85	0.934	1.008	1.002	1.018	0.945
酒泉	0.809	0.743	0.959	1.09	1.005	1.08	1.013	1.052	1	1.044	1.052	1.055	1.064	1.047
庆阳	0.75	0.648	0.825	1.001	0.997	1.027	0.899	0.98	0.877	1	1.016	1.015	1.042	0.993
定西	0.687	0.621	0.775	0.959	0.941	0.952	0.861	0.957	0.807	0.915	1	0.993	1.005	0.931
陇南	0.654	0.584	0.751	0.912	0.899	0.897	0.808	0.905	0.763	0.867	0.941	1	0.969	0.932
临夏	0.676	0.595	0.745	0.906	0.905	0.91	0.811	0.899	0.758	0.873	0.934	0.95	1	0.904
甘南	0.706	0.62	0.778	0.947	0.942	0.948	0.856	0.932	0.82	0.932	0.963	1.017	1.009	1

二、生态位重叠特征分析

由表9-2可知,兰州市、嘉峪关市二者之外的其他城市的生态位重叠度均大于1,表明兰州市和嘉峪关市在甘肃省城市系统中竞争优势明显;临夏州所承受的来自其他城市的竞争压力普遍较高,除陇南市外均大于1;而它给其他城市造成的竞争压力均小于1,初步估计临夏州在甘肃省城市系统中竞争优势最弱。

由以上的城市生态位重叠矩阵分析可知,等级不同的城市承受的竞争压力是不同的。为更加清晰表现各城市的竞争压力以及所处的竞争环境,以下研究引入生态学中的生态位压力和生态位重叠指数的相关公式,对以上城市生态位重叠矩阵进行进一步整合。公式如下:

$$P_i = b_i - e_i \tag{9-1}$$

$$b_i = \frac{\sum_{j=1}^{n} Q_{ij} - 1}{n-1}, e_i = \frac{\sum_{i=1}^{n} Q_{ij} - 1}{n-1} \tag{9-2}$$

$$f_{ij} = \begin{cases} \dfrac{Q_{ij}}{Q_{ji}}(Q_{ij} \leqslant Q_{ji}) \\ \dfrac{Q_{ji}}{Q_{ij}}(Q_{ij} \geqslant Q_{ji}) \end{cases} \tag{9-3}$$

式中,P_i表示城市i所受到的净压力的平均值;b_i表示其他城市对城市i所产生的竞争压力的平均值；e_i 表示城市 i 对其他城市所产生的竞争压力的平均值；Q_{ij} 表示城市 i 与城市 j 之间的生态位重叠值；f_{ij} 表示城市 i 与城市 j 之间的生态位重叠指数。

第二节　甘肃省各市州城市竞争分析

一、生态位竞争压力分析

利用生态位重叠矩阵得到甘肃省生态位竞争压力矩阵,见表9-3。这里需要指出的是,此处的竞争压力分析同上面所分析的生态位强度是有区别的:竞争压力主要是生态位重叠计测时,重叠值对现状值是否敏感而产生的;而生态位强度则是通过对一个城市的生存能力、发展能力和进化能力的综合评估,其中包括现状值,也包括潜力值。

表9-3　城市生态位竞争压力矩阵

	兰州	嘉峪关	金昌	白银	天水	武威	张掖	平凉	酒泉	庆阳	定西	陇南	临夏	甘南
b_i	3.261	2.897	3.77	4.393	4.204	4.356	3.981	4.285	3.788	4.178	4.354	4.394	4.493	4.246
e_i	4.637	4.303	4.023	3.672	3.289	2.932	2.553	2.202	1.838	1.501	1.137	0.777	0.412	0.032
P_i	−1.376	−1.406	−0.253	0.721	0.915	1.425	1.428	2.083	1.951	2.677	3.217	3.618	4.081	4.214

由表9-3城市生态位竞争压力矩阵可知,兰州市、嘉峪关市和金昌市对其他城市造成的竞争压力较大;而陇南市、临夏州和甘南州对其他城市造成的竞争压力较小(小于1),但承受其他城市的竞争压力较大。

为了更加清晰地反映甘肃省各城市在整体竞争格局中的地位,特对城市生态位竞争压力结果进行层次聚类,结果见图9-1。

使用 **Ward** 联结的树状图

重新调整距离聚类合并

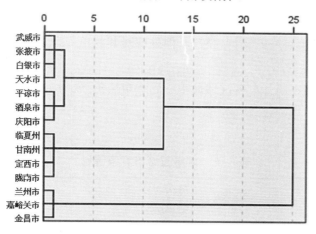

图9-1　甘肃省城市发展重叠度层次聚类谱系图

根据图9-1可知,甘肃省城市生态位重叠结构按照竞争优势由高到低可分为四个层次:

第一层次城市包括兰州市、嘉峪关市和金昌市。它们的城市发展优势明显,在甘肃省城市发展中处于绝对的主导地位,给甘肃省其他城市造成了很大的压力,e_i值分别达到了4.637、4.303和4.023;而其他城市对兰州市、嘉峪关市和金昌市造成的压力非常小,其净压力 B_q 值分别为-1.376、-1.406、-0.253。因此,兰州市、嘉峪关市和金昌市目前不存在三者之外的强势竞争对手。

第二层次城市包括白银市、天水市、武威市和张掖市,其 e_i 值分别为3.672、3.289、2.932和2.553。这说明在甘肃省区域内,这四个城市的发展能力虽不及兰州市、嘉峪关市和金昌市,但在甘肃省城市系统中仍具有相对竞争优势,呈现出"支强受弱"的状态,即城市自身的支持力较强,接受外在的压力较小,且各自的净压力差距较小,具有基本相当的竞争优势。

第三层次城市包括平凉市、酒泉市和庆阳市,其 e_i 值分别达到2.202、1.838和1.501,对其他城市造成的竞争压力较小。但它们的 b_i 值较第一、第二层次城市大,说明这三个城市在甘肃省城市系统中具有相对弱势竞争地位,社会经济发展受第一层次和第二层次城市的影响较大,在城市发展体系中竞争能力有待提高。

第四层次城市包括定西市、陇南市、临夏州和甘南州。这四个市州的 P_i 值均大于3,说明这四个市州在省内资源竞争方面竞争能力最弱,表现出显著的"支弱受强"状态,即这四个城市自身的支持力较弱,但外部对其的压力较大,面临的竞争态势最为严峻。

为了更清晰地表明甘肃省区域城市空间竞争压力,本节绘制了甘肃省城市竞争等级表,见表9-4。

表9-4　甘肃省城市竞争等级

城市名称	层次划分	所处位置
酒泉市	第三层次	西部
嘉峪关市	第一层次	西部
张掖市	第二层次	西部
金昌市	第一层次	西部
武威市	第二层次	西部
白银市	第二层次	中部
兰州市	第一层次	中部
临夏回族自治州	第四层次	民族经济区
甘南藏族自治州	第四层次	民族经济区
定西市	第四层次	中部
庆阳市	第三层次	陇东经济区
平凉市	第三层次	陇东经济区
天水市	第二层次	陇东南经济区
陇南市	第四层次	陇东南经济区

根据表9-4可知,甘肃省城市的经济空间联系与城市所处的地理位置紧密相关,联系前文甘肃省经济发展的情况,可以看出:

位于甘肃省中部的兰州市、白银市和定西市分属于三个层次,其中,兰州市处于第一层次,白银市处于第二层次,定西市处于第四层次,这三个市地理位置接近,但城市竞争力水平却存在着较大的差距。因此,兰州市和白银市应起到辐射带动作用,以兰州—白银都市经济圈为发展中心,带动定西市乃至周边城市的发展。

酒泉市、张掖市、金昌市、武威市和嘉峪关市位于甘肃省西部,区位空间上相互连接构建河西走廊经济区。河西走廊地区城市压力竞争现状为:嘉峪关市和金昌市处于第一层次,武威市和张掖市处于第二层次,酒泉市处于第三层次,城市的竞争水平存在差距。因此,嘉峪关市和金昌市应发挥中心城市作用,带动酒泉市的发展,武威市和张掖市应加强与金昌市的合作,进一步提高自身竞争力。

天水市和陇南市同属于陇东南经济区,其中,天水市处于第二层次,具有一定的竞争优势,而陇南市处于第四层次,面临较为严峻的竞争态势。平凉市和庆阳市同属于陇东经济区,且这两个城市同处于第三层次,城市竞争能力有待提高。

临夏州和甘南州两地同属于民族经济区,且两州均处于第四层次,城市竞争能力弱;两州附近城市除兰州市外其余城市均处于第四层次,竞争能力都较差。因此,民族经济地区要想提高城市竞争力,除却自身发展外,还应和周边处于高层次竞争力的城市加强合作,这样既能发挥自身产业优势,又能汲取其他城市的经济养分,最终使自身竞争力提高。

二、城市间竞争关系分析

资源的有效供给是城市发展的根基,城市之间资源竞争强度的准确度量是制定城市发展战略的基础和依据[121]。而良性的城市竞争有助于促进城市间资源的重新整合,提高各层次城市之间资源的互相利用率。为了使各城市避免因激烈竞争而导致的资源浪费,就需要明确区域主要竞争对手,以便提出更具针对性的城市发展策略。根据公式(9-3),得出甘肃省城市生态位重叠指数矩阵,见表9-5。

城市之间资源竞争强度是制定发展战略的基础和依据,城市要根据资源禀赋的差异采取不同的发展策略[121]。从表9-5甘肃省城市生态位重叠指数矩阵可以看出,甘肃省城市系统中各层次城市之间的竞争均较激烈。为了进一步明确甘肃省各层次城市的主要竞争对手,本节利用城市生态位重叠指数进行主要竞争对手的定位,理论上表中的各城市之间的重叠指数越接近于1,则互为主要竞争对手的可能性越大。

表9-5 城市生态位重叠指数矩阵

城市	兰州	嘉峪关	金昌	白银	天水	武威	张掖	平凉	酒泉	庆阳	定西	陇南	临夏	甘南
兰州	1													
嘉峪关	0.835	1												
金昌	0.768	0.638	1											
白银	0.637	0.55	0.822	1										
天水	0.666	0.577	0.84	0.972	1									
武威	0.639	0.556	0.813	0.995	0.967	1								
张掖	0.748	0.635	0.966	0.85	0.875	0.847	1							
平凉	0.664	0.579	0.845	0.977	0.993	0.973	0.872	1						
酒泉	0.8	0.678	0.962	0.79	0.808	0.784	0.929	0.808	1					
庆阳	0.687	0.592	0.864	0.934	0.958	0.926	0.913	0.952	0.84	1				
定西	0.636	0.57	0.8	0.971	0.94	0.973	0.826	0.949	0.768	0.901	1			
陇南	0.597	0.541	0.769	0.921	0.897	0.919	0.784	0.903	0.723	0.855	0.948	1		
临夏	0.593	0.523	0.743	0.902	0.879	0.905	0.77	0.883	0.712	0.837	0.929	0.981	1	
甘南	0.645	0.565	0.822	0.998	0.986	0.994	0.853	0.986	0.783	0.938	0.966	0.917	0.896	1

甘肃省区域内,各城市的地理位置相互交错、协同共生,各城市间在经济发展、社会发展、基础设施建设和生态环境等方面既联系紧密,又相互竞争[122]。本节将重叠指数在0.9～1区间内的两城市定位为主要竞争对手,进而对甘肃省城市系统的竞争状况进行定位。总体看来,甘肃省区域竞争强度较为激烈;具体来看,可得甘肃省14个市州城市竞争力现状,见表9-6。

表9-6 甘肃省城市竞争力水平现状

城市	兰州	嘉峪关	金昌	白银	天水	武威	张掖	平凉	酒泉	庆阳	定西	陇南	临夏	甘南
兰州	−	−	−	−	−	−	−	−	−	−	−	−	−	−
嘉峪关	−	−	−	−	−	−	−	−	−	−	−	−	−	−
金昌	−	−	−	−	−	−	0.966	−	0.962	−	−	−	−	−
白银	−	−	−	−	0.972	0.995	−	0.977	−	0.934	0.971	0.921	0.902	0.998

城市	兰州	嘉峪关	金昌	白银	天水	武威	张掖	平凉	酒泉	庆阳	定西	陇南	临夏	甘南
天水	–	–	–	–	–	0.967	–	0.993	–	0.958	0.94	0.986	–	–
武威	–	–	–	–	–	–	–	0.973	–	0.926	0.973	0.919	0.905	0.994
张掖	–	–	–	–	–	–	–	–	0.929	0.913	–	–	–	–
平凉	–	–	–	–	–	–	–	–	–	0.952	0.949	0.903	–	–
酒泉	–	–	–	–	–	–	–	–	–	–	–	–	–	–
庆阳	–	–	–	–	–	–	–	–	–	–	0.901	–	–	–
定西	–	–	–	–	–	–	–	–	–	–	–	0.948	0.929	0.966
陇南	–	–	–	–	–	–	–	–	–	–	–	–	0.981	0.917
临夏	–	–	–	–	–	–	–	–	–	–	–	–	–	–
甘南	–	–	–	–	–	–	–	–	–	–	–	–	–	–

由表9-6可知,甘肃省城市竞争较为激烈,结合甘肃省城市竞争压力层次聚类谱系图可知:

第一层次的金昌市和第三层次的张掖市的重叠指数为0.966,竞争较为激烈,金昌市和第四层次的酒泉市也是主要的竞争对手。第二层次的白银市和同一层次的天水市和武威市竞争较为激烈,生态位重叠指数均大于0.97。同时它和第三层次的平凉市和庆阳市,第四层次的定西市、陇南市、临夏州和甘南州竞争也较为激烈,这从另一侧面也反映出白银市在甘肃省城市竞争体系中面临的竞争城市多,自身城市发展不明晰,优势不突出,面临的竞争压力大,城市发展受竞争城市影响较大。天水市和武威市互为主要竞争对手,同时又和第三层次的平凉市和庆阳市、第四层次的定西市和甘南州竞争激烈。武威市和第三层次的平凉市和庆阳市,第四层次的定西市、陇南市、临夏州和甘南州竞争较为激烈。张掖市和第三层次的平凉市和庆阳市是主要的竞争对手。在第三层次中,平凉市和庆阳市是主要的竞争对手,同时又和第四层次的定西市和陇南市存在竞争。庆阳市和第四层次的各城市之间都存在竞争现象。在第四层次中,同一层次内部城市之间竞争较为激烈,定西市和陇南市竞争对手较多,并且,定西市和陇南市又互为竞争对手,生态位重叠指数达到0.948。

第三节 本章小结

本章主要研究了甘肃省14个市州城市发展的竞合关系,得到如下结论:

第一,由城市生态位重叠度和竞争压力指数分析可知,甘肃省的城市生态位竞争存在明显的层次性。第一层次,兰州市、嘉峪关市和金昌市。兰州市、嘉峪关市和金昌市对其他城市的生态位重叠很高,生态位竞争的净压力均较小,具有绝对竞争优势,在甘肃省城市发展中处于主导地位。第二层次,白银市、天水市、武威市和张掖市。这四个城市的竞争力虽不及兰州市、嘉峪关市和金昌市,但其在甘肃省城市系统中具有相对竞争优势。第三层次,酒泉市、平凉市和庆阳市。这一层次的城市生态位偏低,整体竞争力较弱,不仅要承受来自第一、第二层次城市的生态位竞争压力,互相之间的竞争也较为激烈。第四层次,定西市、陇南市、临夏州和甘南州。它们是甘肃省区域内竞争最为弱势的城市。经济发展、基础设施、交通条件等各方面的弱势严重阻碍了这三个城市的发展。

第二,由生态位重叠指数矩阵可知,甘肃省内部城市竞争较为激烈。结合甘肃省城市竞争压力层次聚类谱系图,对四个层次城市分别进行讨论。在第一层次的城市中,仅有金昌市和第三层次的张掖市存在竞争,不存在与兰州市和嘉峪关市有明显竞争关系的城市。第二层次和第三层次、第四层次的城市竞争都较为激烈,且这三个层次内部也存在着竞争。这使得部分城市在竞争中处于劣势,无法发挥自身特色。因此,对于甘肃省14个市州来说,在生态位强度差异较大的前提下,各城市应发挥自身优势,竭诚合作,促进区域一体化,从而提升甘肃省总体竞争力。

第十章
甘肃省生态文明发展协调性分析

本部分内容主要介绍甘肃省14个市州当前生态文明建设现状。要想生态文明建设健康有序运行,分析系统运行的协调性必不可少。因此,本章从系统角度研究甘肃省城市系统内部的协调性,运用Lotka-Volterra模型建立区域生态文明发展体系的竞争演化模型,从而得到各子系统内部的协调性数据,以期为甘肃省城市生态文明的健康有序运行提供可行的理论依据。

第一节　理论模型的设定与估计

一、LOTKA-VOLTERRA模型结构

自然生态系统内生物种群间的多物种共存、协同演化关系与区域内的城镇化发展体系间的共存竞争关系有着相似的特性,因此可以利用生物种群相互作用的LOTKA-VOLTERRA模型建立区域生态文明发展体系的竞争演化模型。将经济发展、社会发展、基础设施与生态环境水平四者的关系与生物学的种群之间的关系进行类比分析,则可建立四种群相互作用的LOTKA-VOLTERRA模型:

$$\begin{cases} \dfrac{\mathrm{d}X}{\mathrm{d}t} = F_1(X, Y, Z, U) = \gamma_1 X(1 - \dfrac{X}{K_1}) + \gamma_1 \theta_{(1,2)} \dfrac{XY}{K_1} + \gamma_1 \theta_{(1,3)} \dfrac{XZ}{K_1} + \gamma_1 \theta_{(1,4)} \dfrac{XU}{K_1} \\ \dfrac{\mathrm{d}Y}{\mathrm{d}t} = F_2(X, Y, Z, U) = \gamma_2 Y(1 - \dfrac{Y}{K_2}) + \gamma_2 \theta_{(2,1)} \dfrac{YX}{K_2} + \gamma_2 \theta_{(2,3)} \dfrac{YZ}{K_2} + \gamma_2 \theta_{(2,4)} \dfrac{YU}{K_2} \\ \dfrac{\mathrm{d}Z}{\mathrm{d}t} = F_3(X, Y, Z, U) = \gamma_3 Z(1 - \dfrac{Z}{K_3}) + \gamma_3 \theta_{(3,1)} \dfrac{ZX}{K_3} + \gamma_3 \theta_{(3,2)} \dfrac{ZY}{K_3} + \gamma_3 \theta_{(3,4)} \dfrac{ZU}{K_3} \\ \dfrac{\mathrm{d}U}{\mathrm{d}t} = F_4(X, Y, Z, U) = \gamma_4 U(1 - \dfrac{U}{K_4}) + \gamma_4 \theta_{(4,1)} \dfrac{UX}{K_4} + \gamma_4 \theta_{(4,2)} \dfrac{UY}{K_4} + \gamma_4 \theta_{(4,3)} \dfrac{UZ}{K_4} \end{cases} \quad (10-1)$$

式(10-1)中,X, Y, Z, U分别表示经济发展、社会发展、基础设施与生态环境水平;下标1表示经济发展,下标2表示社会发展,下标3表示基础设施,下标4表示生

态环境；γ_i 表示 i 的发展水平增长率；K_i 表示 i 的最高发展水平；$\theta_{(m,n)}(m\neq n)$ 表示 m 的发展水平对 n 的发展水平的作用系数，$\theta>0$ 表示促进作用，$\theta<0$ 则表示抑制作用；i，m 和 n 的取值为 1，2，3，4。将上式写成一般形式，即为：

$$\begin{cases} \dfrac{\mathrm{d}X}{\mathrm{d}t}=F_1(X,Y,Z,U)=X(a_0+a_1X+a_2Y+a_3Z+a_4U) \\ \dfrac{\mathrm{d}Y}{\mathrm{d}t}=F_2(X,Y,Z,U)=Y(b_0+b_1X+b_2Y+b_3Z+b_4U) \\ \dfrac{\mathrm{d}Z}{\mathrm{d}t}=F_3(X,Y,Z,U)=Z(c_0+c_1X+c_2Y+c_3Z+c_4U) \\ \dfrac{\mathrm{d}U}{\mathrm{d}t}=F_4(X,Y,Z,U)=U(d_0+d_1X+d_2Y+d_3Z+d_4U) \end{cases} \tag{10-2}$$

二、模型参数估计方法

设 $X^{(0)}=\{x^{(0)}(i),i=1,2,\cdots,n\}$ 为一非负原始序列，将一个序列建成具有微分、差分和近似指数律兼容的模型，称为灰色建模。假设原始序列的时间间隔足够小，取单位时间间隔，即 $\dfrac{\mathrm{d}X}{\mathrm{d}t}=X_{(t+1)}-X_{(t)}$。

由灰色理论中灰导数和偶对数的映射关系可知[70]，取 t 时刻背景值 $\dfrac{X_{(t+1)}+X_{(t)}}{2}$、$\dfrac{Y_{(t+1)}+Y_{(t)}}{2}$、$\dfrac{Z_{(t+1)}+Z_{(t)}}{2}$ 和 $\dfrac{U_{(t+1)}+U_{(t)}}{2}$，则上式可写为：

$$\begin{cases} X_{(t+1)}-X_{(t)}=a_0\dfrac{X_{(t+1)}+X_{(t)}}{2}+a_1\left[\dfrac{X_{(t+1)}+X_{(t)}}{2}\right]^2+a_2\dfrac{X_{(t+1)}+X_{(t)}}{2}\dfrac{Y_{(t+1)}+Y_{(t)}}{2}+a_3\dfrac{X_{(t+1)}+X_{(t)}}{2}\dfrac{Z_{(t+1)}+Z_{(t)}}{2}+a_4\dfrac{X_{(t+1)}+X_{(t)}}{2}\dfrac{U_{(t+1)}+U_{(t)}}{2} \\ Y_{(t+1)}-Y_{(t)}=b_0\dfrac{Y_{(t+1)}+Y_{(t)}}{2}+b_1\dfrac{X_{(t+1)}+X_{(t)}}{2}\dfrac{Y_{(t+1)}+Y_{(t)}}{2}+b_2\left[\dfrac{Y_{(t+1)}+Y_{(t)}}{2}\right]^2+b_3\dfrac{Y_{(t+1)}+Y_{(t)}}{2}\dfrac{Z_{(t+1)}+Z_{(t)}}{2}+b_4\dfrac{Y_{(t+1)}+Y_{(t)}}{2}\dfrac{U_{(t+1)}+U_{(t)}}{2} \\ Z_{(t+1)}-Z_{(t)}=c_0\dfrac{Z_{(t+1)}+Z_{(t)}}{2}+c_1\dfrac{X_{(t+1)}+X_{(t)}}{2}\dfrac{Z_{(t+1)}+Z_{(t)}}{2}+c_2\dfrac{Y_{(t+1)}+Y_{(t)}}{2}\dfrac{Z_{(t+1)}+Z_{(t)}}{2}+c_3\left[\dfrac{Z_{(t+1)}+Z_{(t)}}{2}\right]^2+c_4\dfrac{Z_{(t+1)}+Z_{(t)}}{2}\dfrac{U_{(t+1)}+U_{(t)}}{2} \\ U_{(t+1)}-U_{(t)}=d_0\dfrac{U_{(t+1)}+U_{(t)}}{2}+d_1\dfrac{X_{(t+1)}+X_{(t)}}{2}\dfrac{U_{(t+1)}+U_{(t)}}{2}+d_2\dfrac{Y_{(t+1)}+Y_{(t)}}{2}\dfrac{U_{(t+1)}+U_{(t)}}{2}+d_3\dfrac{Z_{(t+1)}+Z_{(t)}}{2}\dfrac{U_{(t+1)}+U_{(t)}}{2}+d_4\left[\dfrac{U_{(t+1)}+U_{(t)}}{2}\right]^2 \end{cases} \tag{10-3}$$

将 $t=1,2,\cdots,n-1$ 代入式（10-3）中可得到 4 个方程组 $Y_{1N}=B_1\hat{\mathbf{a}}$，$Y_{2N}=B_2\hat{\mathbf{b}}$，$Y_{3N}=B_3\hat{\mathbf{c}}$，$Y_{4N}=B_4\hat{\mathbf{d}}$ 在最小二乘准则下，可得第一个方程组的参数估计为

$$\hat{a}=[a_0,a_1,a_2,a_3]^{\mathrm{T}}=(B_1^{\mathrm{T}}B_1)^{-1}B_1^{\mathrm{T}}Y_{1N} \tag{10-4}$$

比较式(10-1)和式(10-2)，可得：

$$a_0 = \gamma_1;$$

$$a_1 = -\frac{\gamma_1}{K_1} = -\frac{a_0}{K_1} \Rightarrow K_1 = -\frac{a_0}{a_1};$$

$$a_2 = \frac{\gamma_1\theta_{(1,2)}}{K_1} = \frac{a_0\theta_{(1,2)}}{K_1} \Rightarrow \theta_{(1,2)} = \frac{a_2 K_1}{a_0} = -\frac{a_2}{a_1};$$

$$a_3 = \frac{\gamma_1\theta_{(1,3)}}{K_1} = \frac{a_0\theta_{(1,3)}}{K_1} \Rightarrow \theta_{(1,3)} = \frac{a_3 K_1}{a_0} = -\frac{a_3}{a_1};$$

$$a_4 = \frac{\gamma_1\theta_{(1,4)}}{K_1} = \frac{a_0\theta_{(1,4)}}{K_1} \Rightarrow \theta_{(1,4)} = \frac{a_4 K_1}{a_0} = -\frac{a_4}{a_1};$$

即：$K_1 = -\dfrac{a_0}{a_1}$，$\theta_{(1,2)} = -\dfrac{a_2}{a_1}$，$\theta_{(1,3)} = -\dfrac{a_3}{a_1}$，$\theta_{(1,4)} = -\dfrac{a_4}{a_1}$；　　（10-5）

同理可得：

$$\gamma_2 = b_0，K_2 = -\frac{b_0}{b_2}，\theta_{(2,1)} = -\frac{b_1}{b_2}，\theta_{(2,3)} = -\frac{b_3}{b_2}，\theta_{(2,4)} = -\frac{b_4}{b_2};$$

$$\gamma_3 = c_0，K_3 = -\frac{c_0}{c_3}，\theta_{(3,1)} = -\frac{c_1}{c_3}，\theta_{(3,2)} = -\frac{c_2}{c_3}，\theta_{(3,4)} = -\frac{c_4}{c_3};$$

（10-6）

$$\gamma_4 = d_0，K_4 = -\frac{d_0}{d_4}，\theta_{(4,1)} = -\frac{d_1}{d_4}，\theta_{(4,2)} = -\frac{d_2}{d_4}，\theta_{(4,3)} = -\frac{d_3}{d_4}。$$

三、协调度函数及性质

对于整个城镇化发展体系来说，如果想要实现均衡协调发展，需使经济发展、社会发展、基础设施与生态环境在系统内实现互利共生；如果一方发展压迫或阻碍了另一方发展，造成另一方的衰退，势必造成发展的失衡与无序。基于这种思路，设计城镇化发展共生协调关系模型，以判断系统运行是否会走向良性互动、协调发展的方向。

（一）两变量的协调度函数

为定量分析整个城镇化体系发展的协调度，了解各个变量水平之间的关系，参考谢煜对林业生态与产业系统构造的共生协调关系指数[123]，构造函数

$$(kg/hm^2)\ C_{(i,j)} = f(\theta_i, \theta_j) = \frac{\theta_i + \theta_j}{\sqrt{\theta_i^2 + \theta_j^2}}\ \ (i \neq j)　　（10-7）$$

来表示两个变量的共生协调度[71]。研究所构造函数的性质可知，

（1）用 $\theta_i + \theta_j$ 表示两者的作用系数之和。

①若 θ_i，θ_j 二者都大于0，说明二者处于相互促进的关系；

②若 θ_i，θ_j 二者中一个大于0，另一个小于0，说明二者处于单方面抑制的关系；

③若 θ_i，θ_j 二者都小于0，说明二者处于相互竞争的关系。

（2）C 的值域范围为 $[-\sqrt{2}, \sqrt{2}]$，而且不同的 C 有不一样的结果。具体的情况为

①当 $C \in (1, \sqrt{2}]$ 时，表示协同发展的模式，两者良性互动，最终将导致两变量的协调发展；

②当 $C \in (-1, 1]$ 时，有两种情况存在：

若 $\theta_i + \theta_j \geqslant 0$，$C \in (0, 1]$，则两变量是短期内存在一定程度的互补性，但是从长期来看，总体是不可持续的；

若 $\theta_i + \theta_j \leqslant 0$，$C \in (-1, 0]$，则其中一个变量抑制作用太强，向对自身有害的方向转变；

③当 $C \in [-\sqrt{2}, -1]$ 时，说明两者处于不良协调关系，它们相互竞争胁迫，最终将导致发展落后。

（二）三变量的协调度函数

构造函数

$$C_{(i,j,k)} = \frac{\theta_{(i,j)} + \theta_{(i,k)} + \theta_{(j,k)} + \theta_{(j,i)} + \theta_{(k,i)} + \theta_{(k,j)}}{\sqrt{\theta_{(i,j)}^2 + \theta_{(i,k)}^2 + \theta_{(j,k)}^2 + \theta_{(j,i)}^2 + \theta_{(k,i)}^2 + \theta_{(k,j)}^2}} \tag{10-8}$$

来表示三变量共生协调度，可知 C 的值域范围为 $[-\sqrt{6}, \sqrt{6}]$，具体特征为：

①当 $C \in (1, \sqrt{6}]$ 时，表示出一种协同发展的模式，三者良性互动，最终导致三变量的协调发展；

②当 $C \in (-1, 1]$ 时，有两种情况存在，一种是 $\theta_i + \theta_j \geqslant 0$，$C \in (0, 1]$，则三变量短期内存在一定程度的互补性，但是从长期来看，总体是不可持续的；另一种是 $\theta_i + \theta_j \leqslant 0$，$C \in (-1, 0]$，则其中一个变量抑制作用太强，向对自身有害的方向转变；

③当 $C \in (-\sqrt{6}, -1]$ 时，说明三者处于不良协调关系，它们相互竞争胁迫，最终将导致发展落后。

（三）四变量的协调度函数

同理构造四变量共生协调度函数 C ，其值域范围为 $[-2\sqrt{3}, 2\sqrt{3}]$ ，仍分三种情况进行讨论：

①当 $C \in (1, 2\sqrt{3}]$ 时，表示为协同发展模式，四者良性互动，最终导致两变量的协调发展；

②当 $C \in (-1, 1]$ 时，有两种情况存在，一种是 $\theta_i + \theta_j \geqslant 0$ ， $C \in (0, 1]$ ，则四变量短期内存在一定程度的互补性，但是从长期来看，总体是不可持续的；另一种是 $\theta_i + \theta_j \leqslant 0$ ， $C \in (-1, 0]$ ，则其中一个变量抑制作用太强，向对自身有害的方向转变；

③当 $C \in (-2\sqrt{3}, -1]$ 时，说明四者处于不良协调关系，它们相互竞争胁迫，最终导致发展落后。

第二节　甘肃省区域生态经济系统运行协调性分析

一、Lotka–Volterra模型的建立

利用2010—2016年甘肃省14个市州的经济发展、社会发展、基础设施和生态环境四个维度的生态位数据（数据来源于生态位测算结果）构建经验Lotka–Volterra模型。经测算可得 B_1 ， B_2 ， B_3 ， Y_{1N} ， Y_{2N} ， Y_{3N} ，进而计算 $\hat{a}$ ， $\hat{b}$ ， $\hat{c}$ ， $\hat{d}$ 四个向量，进一步估计得到四个维度间的两两作用系数 θ 的值，如表10-1所示。

表10-1　甘肃省14个市州四维度间两两作用系数

θ	$\theta_{(1,2)}$	$\theta_{(1,3)}$	$\theta_{(1,4)}$	$\theta_{(2,1)}$	$\theta_{(2,3)}$	$\theta_{(2,4)}$	$\theta_{(3,1)}$	$\theta_{(3,2)}$	$\theta_{(3,4)}$	$\theta_{(4,1)}$	$\theta_{(4,2)}$	$\theta_{(4,3)}$
兰州市	−1.8	−0.073	−2.469	1.362	0.017	0.986	34.586	19.767	−23.939	−2.052	−2.787	0.048
嘉峪关市	0.395	0.22	0.654	1.66	−0.537	−0.909	3.274	2.675	−0.831	−5.043	−4.12	−1.789
金昌市	2.778	1.57	1.193	0.373	0.522	−0.293	−0.626	2.104	0.607	−1.5	−5.823	−2.471
白银市	1.081	3.044	3.884	2.211	2.211	6.19	−0.738	0.607	1.761	−0.16	0.208	−0.528
天水市	0.751	4.702	−0.662	1.239	5.465	−0.777	−0.178	0.128	−0.134	1.273	0.925	−7.393

θ	$\theta_{(1,2)}$	$\theta_{(1,3)}$	$\theta_{(1,4)}$	$\theta_{(2,1)}$	$\theta_{(2,3)}$	$\theta_{(2,4)}$	$\theta_{(3,1)}$	$\theta_{(3,2)}$	$\theta_{(3,4)}$	$\theta_{(4,1)}$	$\theta_{(4,2)}$	$\theta_{(4,3)}$
武威市	0.142	−12.241	6.482	−0.678	−23.229	−13.334	0.992	−0.942	0.824	−0.598	0.667	−2.449
张掖市	−0.989	1.329	−0.867	6.478	−0.621	−1.113	−3.812	−1.404	−2.495	0.264	−0.202	0.509
平凉市	0.035	0.723	0.17	−9.709	7.914	−1.924	−1.774	−0.037	0.257	4.956	−0.262	4.078
酒泉市	−0.643	0.223	0.431	1.614	0.016	−0.046	−2.14	−4.647	−0.904	−2.312	4.237	−4.063
庆阳市	−1.386	−3.78	−0.554	1.456	−0.383	−0.917	6.26	−2.978	3.75	−1.555	0.919	−0.185
定西市	2.54	−0.002	−4.895	0.95	0.257	0.553	−0.8	−3.746	−4.376	−0.556	1.375	−0.496
陇南市	−0.373	0.428	−1.755	−1.671	0.661	−1.54	33.682	−9.336	−10.894	0.767	0.471	−0.35
临夏州	0.442	−0.11	−0.056	2.273	−0.252	−0.132	3.745	−1.369	−0.678	−27.168	12.518	2.567
甘南州	0.549	−1.842	−0.641	0.519	−0.697	−0.139	0.645	0.734	−0.489	−7.402	−4.97	−2.248

注：下标1表示经济发展，下标2表示社会发展，下标3表示基础设施，下标4表示生态环境。

二、协调度测算结果

由表10-1可知，甘肃省14个市州的经济发展、社会发展、基础设施和生态环境四维度两两水平间其中一方对另一方的作用关系，正值表示一方对另一方有促进作用，反之则有抑制作用。表中数据有正有负，说明不同市州两两因素水平有不同的作用。

运用公式 $f(\theta_i,\theta_j)=\dfrac{\theta_i+\theta_j}{\sqrt{\theta_i^2+\theta_j^2}}$ $(i\ne j)$，计算出14个市州的两变量协调度 C，如表10-2所示。

表10-2　甘肃省14个市州两变量协调度

两变量协调度 C	$C(1,2)$	$C(1,3)$	$C(1,4)$	$C(2,3)$	$C(2,4)$	$C(3,4)$
兰州市	−0.194	0.998	−1.408	1.001	−0.609	−0.998
嘉峪关市	1.204	1.065	−0.863	0.784	−1.192	−1.328
金昌市	1.124	0.559	−0.16	1.212	−1.049	−0.733
白银市	1.338	0.736	0.958	1.229	1.033	0.671
天水市	1.374	0.962	0.426	1.023	0.123	−1.018

续表

两变量协调度 C	$C(1,2)$	$C(1,3)$	$C(1,4)$	$C(2,3)$	$C(2,4)$	$C(3,4)$
武威市	−0.774	−0.916	0.904	−1.04	−0.949	−0.629
张掖市	0.838	−0.615	−0.666	−1.319	−1.163	−0.78
平凉市	−0.996	−0.549	1.034	0.995	−1.126	1.061
酒泉市	0.559	−0.891	−0.8	−0.997	0.989	−1.193
庆阳市	0.035	0.339	−1.278	−1.119	0.001	0.949
定西市	1.287	−1.002	−1.106	−0.929	1.301	−1.106
陇南市	−1.194	1.013	−0.516	−0.927	−0.664	−1.032
临夏州	1.173	0.97	−1.002	−1.164	0.989	0.712
甘南州	1.414	−0.613	−1.083	0.037	−1.028	−1.190

同理,可分别计算出14个市州三变量协调度、四变量协调度,以反馈不同子系统之间的协调性,计算结果如表10−3所示。

表10−3　甘肃省14个市州三/四变量协调度

三/四变量协调度 C	$C(1,2,3)$	$C(1,2,4)$	$C(1,3,4)$	$C(2,3,4)$	$C(1,2,3,4)$
兰州市	1.35	−1.376	0.145	−0.189	0.506
嘉峪关市	1.672	−1.079	−0.552	−1.021	−0.525
金昌市	1.712	−0.485	−0.34	−0.797	−0.203
白银市	1.831	1.739	1.365	1.524	2.239
天水市	1.646	1.16	−0.269	−0.193	0.504
武威市	−1.367	−0.492	−0.494	−1.428	−1.463
张掖市	0.125	0.532	−1.044	−1.674	−0.349
平凉市	−0.225	−0.608	1.254	1.1	0.309
酒泉市	−1.031	0.637	−1.672	−0.717	−0.984
庆阳市	−0.099	−0.701	0.469	0.041	0.070
定西市	−0.17	−0.006	−1.671	−1.077	−1.115
陇南市	0.668	−1.353	0.617	−1.452	0.275
临夏州	1.024	−0.404	−0.788	0.983	−0.271
甘南州	−0.039	−1.347	−1.494	−1.402	−1.679

三、甘肃省各市州生态经济系统运行协调性分析

借助Lotka-Volterra模型对甘肃省14个市州的经济发展、社会发展、基础设施和生态环境发展水平进行研究,对四维度发展的协调性即共生关系进行分析。根据协调度的性质,可将协调性分为四大类,分别为互利共生、偏利共生、偏害共生和互相竞争。互利共生是一种协同发展的模式,两者良性互动,最终将导致变量间的协调发展。偏利共生和偏害共生都是一种单方面抑制的发展模式,但存在抑制程度不一致的状况:偏利共生是短期内变量间存在一定程度的互补性,但是从长期来看,总体是不可持续的;而偏害共生是个别变量抑制作用太强,向对自身有害的方向转变,从长期和短期来看,都是不可持续发展。互相竞争则是一种恶性循环的发展模式,双方变量的增长均对另一方的发展造成压力,所以导致变量间的不协调发展。

(一)两子系统间的运行协调性分析

要具体分析其共同作用,首先将两变量协调度C的各个角度分为6大类,再根据协调度的性质,将甘肃省14个市州分为四类:互利共生、偏利共生、偏害共生和互相竞争。结果如表10-4所示。

由表10-4可知,甘肃省14个市州的经济发展、社会发展、基础设施和生态环境水平两两水平相互作用关系。

表10-4　甘肃省14个市州两变量的协调性类别

类别	两变量关系	协调性类别	市州
$C(1,2)$	互相促进	互利共生	嘉峪关,金昌,白银,天水,定西,临夏,甘南
	单方面抑制	偏利共生	张掖,酒泉,庆阳
		偏害共生	兰州,武威,平凉
	互相抑制	互相竞争	陇南
$C(1,3)$	互相促进	互利共生	嘉峪关,陇南
	单方面抑制	偏利共生	兰州,金昌,白银,天水,庆阳,临夏
		偏害共生	武威,平凉,张掖,酒泉,甘南
	互相抑制	互相竞争	定西
	互相促进	互利共生	平凉

类别	两变量关系	协调性类别	市州
C(1,4)	单方面抑制	偏利共生	白银,天水,武威
		偏害共生	嘉峪关,金昌,张掖,酒泉,陇南
	互相抑制	互相竞争	兰州,庆阳,定西,临夏,甘南
C(2,3)	互相促进	互利共生	兰州,金昌,白银,天水
	单方面抑制	偏利共生	嘉峪关,平凉,甘南
		偏害共生	定西,酒泉,陇南
	互相抑制	互相竞争	张掖,武威,庆阳,临夏
C(2,4)	互相促进	互利共生	白银,定西
	单方面抑制	偏利共生	天水,酒泉,庆阳,临夏
		偏害共生	兰州,武威,陇南
	互相抑制	互相竞争	嘉峪关,金昌,张掖,平凉,甘南
C(3,4)	互相促进	互利共生	平凉
	单方面抑制	偏利共生	白银,庆阳,临夏
		偏害共生	兰州,金昌,武威,张掖
	互相抑制	互相竞争	嘉峪关,天水,酒泉,定西,陇南,甘南

由表10-4中 C(1,2)类别可知,经济发展水平和社会发展水平互相促进的城市为嘉峪关、金昌、白银、天水、定西、临夏和甘南;二者互相抑制的城市为陇南;一方抑制一方促进且促进作用大于抑制作用的城市有张掖、酒泉和庆阳;抑制作用大于促进作用的城市有兰州、武威和平凉。从 C(1,3)类别可知,经济发展水平和基础设施水平互相促进的城市为嘉峪关和陇南;二者互相抑制的城市为定西;一方抑制一方促进且促进作用大于抑制作用的城市有兰州、金昌、白银、天水、庆阳和临夏;抑制作用大于促进作用的城市为武威、平凉、张掖、酒泉和甘南。从 C(1,4)类别可知,经济发展水平和生态环境水平互相促进的城市为平凉;二者互相抑制的城市为兰州、庆阳、定西、临夏和甘南;一方抑制一方促进且促进作用大于抑制作用的城市有白银、天水和武威,而抑制作用大于促进作用的城市有嘉峪关、金昌、张掖、酒泉和陇南。

从 $C(2,3)$ 类别可知,社会发展水平和基础设施水平互相促进的城市为兰州、金昌、白银和天水;二者互相抑制的城市为张掖、武威、庆阳和临夏;一方抑制一方促进且促进作用大于抑制作用的城市有嘉峪关、平凉和甘南;而抑制作用大于促进作用的城市有定西、酒泉和陇南。从 $C(2,4)$ 类别可知,社会发展水平和生态环境水平互相促进的城市为白银和定西;二者互相抑制的城市为嘉峪关、金昌、张掖、平凉和甘南;一方抑制一方促进且促进作用大于抑制作用的城市有天水、酒泉、庆阳和临夏;而抑制作用大于促进作用的城市为兰州、武威和陇南。从 $C(3,4)$ 类别可知,基础设施水平和生态环境水平互相促进的城市只有平凉;二者互相抑制的城市为嘉峪关、天水、酒泉、定西、陇南和甘南;一方抑制一方促进且促进作用大于抑制作用的城市有白银、庆阳和临夏;而抑制作用大于促进作用的城市有兰州、金昌、武威和张掖。

(二)三子系统间的运行协调性分析

将三变量协调度 C 的各个角度分为 4 大类,再根据协调度的性质,可将甘肃省 14 个市州分为四类:互利共生、偏利共生、偏害共生和相互竞争。分类结果如表 10-5 所示。

由表 10-5 可知,甘肃省 14 个市州的经济发展、社会发展、基础设施和生态环境水平三者间的关系。由 $C(1,2,3)$ 类别可知,经济发展水平、社会保障水平和基础设施水平互相促进的城市为兰州、嘉峪关、金昌、白银、天水和临夏,三者相互抑制的城市为武威和酒泉,单方面抑制且促进作用大于抑制作用的城市有张掖和陇南,而抑制作用大于促进作用的城市有平凉、庆阳、定西和甘南;由 $C(1,2,4)$ 类别可知,经济发展水平、社会发展水平和生态环境水平相互促进的城市为白银和天水,三者相互抑制的城市为兰州、嘉峪关、陇南和甘南,单方面抑制中促进作用强于抑制作用的城市有张掖和酒泉,而抑制作用大于促进作用的城市有金昌、武威、平凉、庆阳、定西和临夏;由 $C(1,3,4)$ 类别可知,经济发展水平、基础设施水平和生态环境水平相互促进的城市有白银和平凉,三者互相抑制的城市为张掖、酒泉、定西和甘南,单方面抑制中促进作用大于抑制作用的城市有兰州、庆阳和陇南,而抑制作用大于促进作用的城市有嘉峪关、金昌、天水、武威和临夏;由 $C(2,3,4)$ 类别可知,社会发展水平、基础设施水平和生态环境水平相互促进的城市为白银和平凉,三者相互抑制的城市为嘉峪关、武威、张掖、定西、陇南和甘南,单方面抑制且促进作用大于抑制作用的城市有庆阳和临夏,而抑制作用大于促进作用的城市有兰州、金昌、天水和酒泉。

表10-5　甘肃省14个市州三变量的协调性类别

类别	三变量关系	协调性类别	市州
$C(1,2,3)$	互相促进	互利共生	兰州,嘉峪关,金昌,白银,天水,临夏
	单方面抑制	偏利共生	张掖,陇南
		偏害共生	平凉,庆阳,定西,甘南
	互相抑制	互相竞争	武威,酒泉
$C(1,2,4)$	互相促进	互利共生	白银,天水
	单方面抑制	偏利共生	张掖,酒泉
		偏害共生	金昌,武威,平凉,庆阳,定西,临夏
	互相抑制	互相竞争	兰州,嘉峪关,陇南,甘南
$C(1,3,4)$	互相促进	互利共生	白银,平凉
	单方面抑制	偏利共生	兰州,庆阳,陇南
		偏害共生	嘉峪关,金昌,天水,武威,临夏
	互相抑制	互相竞争	张掖,酒泉,定西,甘南
$C(2,3,4)$	互相促进	互利共生	白银,平凉
	单方面抑制	偏利共生	庆阳,临夏
		偏害共生	兰州,金昌,天水,酒泉
	互相抑制	互相竞争	嘉峪关,武威,张掖,定西,陇南,甘南

（三）四子系统间的运行协调性分析

表10-6　甘肃省14个市州四变量的协调性类别

四变量关系	协调性类别	市州
互相促进	互利共生	白银
单方面抑制(促进)	偏利共生	兰州,天水,平凉,庆阳,陇南
	偏害共生	嘉峪关,金昌,张掖,酒泉,临夏
互相抑制	互相竞争	武威,定西,甘南

四个子系统之间的协调性类别见表10-6。由表10-6可知,甘肃省14个市州的经济发展、社会发展、基础设施和生态环境水平四者相互作用关系。四者相互促进的城市只有白银,可以考虑同时发展四者,使得当地的各方面都有一定的进步;四者相互抑制的城市为武威、定西和甘南;单方抑制且促进作用大于抑制作用的城市有兰州、天水、平凉、庆阳和陇南,此时三者存在一定的互补性,向相互促进的关系转变,而抑制作用大于促进作用的城市有嘉峪关、金昌、张掖、酒泉和临夏,长此以往向互相抑制的关系转变,在今后的发展过程中,要更加注重经济发展过程中对环境的保护。

第三节　本章小结

本章使用Lotka-Volterra模型对2010—2016年甘肃省14个市州生态文明建设过程中生态经济系统各子系统间的动态协调关系进行研究,分析出经济发展、社会发展、基础设施和生态环境生态位四者之间的动态交互作用,可得出14个市州的短期阶段发展存在的问题和长期阶段面临的问题,得出如下结论:

第一,从生态经济系统运行总体来看,白银市是经济发展、社会发展、基础设施和生态环境子系统良性互动的城市,不管是短期还是长期发展都处于协同发展的模式;而从子系统运行来看,白银市四个维度发展相对比较均衡,所以能达到协调发展的状态。

第二,呈偏利共生关系的兰州市、天水市、平凉市、庆阳市和陇南市,短时间内四个维度的发展存在一定程度的互补性,但是从长期来看,总体发展是不可持续的。而从子系统运行角度来看,兰州市的主要问题是生态环境生态位较低,与其他三个维度的发展存在不协调性,所以导致整个城市发展的不可持续性;天水和陇南这两个市的问题则是生态环境生态位与其他三个维度的发展存在不协调;平凉市的问题是其社会发展生态位比其他三个维度发展稍优,所以发展存在一定的不协调性;庆阳市的问题则是基础设施和生态环境状况优于经济发展和社会发展水平。

第三,呈偏害共生关系的有嘉峪关市、金昌市、张掖市、酒泉市和临夏州,这些市州个别维度抑制作用太强,从长期和短期来看,发展的协调性不足。从各维度发展来看,嘉峪关和金昌这两个市的问题是生态环境生态位较低,与其他三个维度的发展存在严重不协调情况;张掖市的问题是生态环境生态位较低,而基础设施生态位较高,其余两个维度发展适中;酒泉市的问题是基础设施生态位较低,与其他三个维度的发展存在严重不协调情况;临夏州是因为生态环境生态位较高,与其他三个维度的生态位存在严重不协调情况,所以向对自身有害的方向转变。

第四,生态经济系统运行内部呈相互竞争关系的市为武威、定西和甘南,其当前的发展模式呈不可持续态势,系统内部任一子系统的发展均对其他子系统的发展造成压力,使得整体发展呈不协调性。

第十一章

对甘肃省各市州生态文明建设的若干建议

第一节　各市州生态文明建设水平综合评估结果

一、各市州生态文明建设评价结果

综合生态位是对各市州生态文明建设现状的综合评价,总体来看,2016年甘肃省14个市州综合生态位可划分为4个等级。第一等级的城市包括嘉峪关市、张掖市和兰州市,生态位强度较高,属于生态位优越型城市;第二等级的城市包括酒泉市、甘南州、定西市、庆阳市和金昌市,属于生态位过渡型城市;第三等级的城市包括武威市、天水市、陇南市和白银市,这4个城市与第一等级的城市的生态位强度差距较大;第四等级的城市包括平凉市和临夏州,生态位强度较小,属于生态位贫乏型城市。

二、各市州生态文明建设中的竞合关系

2011年到2016年甘肃省城市生态位的空间集聚类型发生较大的变化,2016年,甘肃省城市生态位呈现全局负相关,从整体上看,相邻城市的生态位具有相异特征,生态位较高的市州和生态位较低的市州相邻;对周边城市具有辐射带动作用的仅有嘉峪关市和张掖市,说明区域内的城市发展可能存在一定的竞争关系,出现城市之间互相占用资源的现象。

一方面,甘肃省各市州生态文明发展过程中存在明显的集聚特征,部分核心城市具有一定的辐射带动作用。

2016年,可将14个市州按集聚特征划分为四种类型:兰州市、庆阳市、定西市和

甘南州属于"高—低"集聚类型,不能对周边城市起到有效的辐射带动作用,因此这些城市应以生态位特化为主,强调合作和共享,减小与周边城市的差距。嘉峪关市和张掖市属于"高—高"集聚类型,对周边城市具有辐射带动作用,因此这两市应通过与周边城市的合作以及区域规划,实现与周边城市的功能互补。白银市、平凉市、酒泉市、陇南市和临夏州,属于"低—高"集聚类型,区域本身城市生态位强度低,周边区域强度高,这类城市应找准自身定位,加强与周边生态位强度高的城市合作。天水市和金昌市,属于"低—低"集聚类型,区域本身和周边区域城市生态位强度都比较低,这两个城市应加强与以上各层次城市的合作,逐步提高城市对资源利用的能力,拓展生态位宽度,以综合利用资源能力的提升来巩固城市的发展,实现城市生态位的泛化。

另一方面,甘肃省的城市生态位竞争存在明显的层次性,不同层次城市的竞争力与压力各不相同。

第一层次的兰州市、嘉峪关市和金昌市的生态位竞争净压力较小,具有绝对竞争优势,在甘肃省城市生态文明建设中处于主导地位;第二层次的白银市、天水市、武威市和张掖市的竞争力虽不及第一层次,但其在甘肃省发展系统中具有相对竞争优势;第三层次的平凉市、酒泉市和庆阳市生态位偏低,整体竞争力较弱,不仅要承受来自第一、第二层次城市的生态位竞争压力,互相之间的竞争也较为激烈;第四层次的定西市、陇南市、临夏州和甘南州是甘肃省区域内竞争最为弱势的城市,经济发展、基础设施、交通条件等其他各方面的弱势严重阻碍了这三个城市的发展。

三、各市州生态文明建设的协调性

各市州生态经济系统运行的协调性尚需提高,不同地域体现出各异的协调性问题。

首先,甘肃省14个市州在分维度生态位与综合生态位排名上缺乏一致性。

例如,2016年综合生态位排名前三的嘉峪关市、庆阳市、定西市中,嘉峪关市在经济发展维度、社会发展维度、基础设施维度的排名均靠前,但在生态环境维度的排名位于后列。排名靠后的临夏州和甘南州虽然在生态环境维度的排名处于前列,但在经济发展维度、社会发展维度的排名均靠后。

其次,2010—2016年,甘肃省14个市州在生态位态与势两方面的发展一致性较低,波动幅度明显,发展的稳健性不足,可持续能力较低。

最后,各市州生态经济系统各子系统之间发展的协调性不足,表现为两点:一个是综合生态位较高但协调性不足或者综合生态位偏低,但系统内部处于均衡发展状态;另一个是当前协调与未来可持续不一致,部分城市系统内部当前呈相对协调模式,但运行动态不甚乐观。

甘肃省14个市州的经济发展、社会发展、基础设施和生态环境四维度相互促进发展的只有白银市;四者相互抑制的市为定西市、甘南州和武威市;单方面抑制且促进作用大于抑制作用的有兰州市、天水市、平凉市、庆阳市和陇南市;单方面抑制作用大于促进作用的有嘉峪关市、金昌市、酒泉市、张掖市和临夏市。

第二节　思考与建议

一、若干思考

甘肃省处于西北内陆,由于特殊的地形地貌,即使在西部各省区中,其生态环境亦处于相对脆弱状态,从生态文明建设综合评价结果来看,甘肃省在协调经济发展和生态文明建设方面,尚有持续优化的空间。甘肃省在生态文明建设进程中,应更注重其生态功能区位特征,强调其生态屏障功能,在生态安全阈值内走内涵型生态文明建设的道路。

结合定量分析结果,对不同层次的城市竞争与协调发展策略提出如下思考与构想:

第一层次,兰州市、嘉峪关市和金昌市。

这三个城市在具有绝对竞争优势的同时,具有很宽的生态位,城市生存发展能力很强。兰州市作为省会城市,是甘肃省政治、经济、文化中心,同时也是西北地区的交通枢纽之一;嘉峪关市是丝绸之路现代化区域中心城市,同时也是甘肃省重要的工业城市和交通枢纽;金昌市是因企建市的老工业城市,工业是其重要的经济基础和支撑。这三个城市在长期可持续协调发展方面存在隐患,生态环境维度的发展仍需加大力度。此外,从经济发展的带动作用看,兰州市应以生态位特化为主,强调合作和共享,减小与周边城市的差距。而嘉峪关市和金昌市应通过与周边城市的合作以及区域规划,实现与周边城市的功能互补。

第二层次,白银市、天水市、武威市和张掖市。

这四个城市在甘肃省生态文明建设发展中具有相对竞争优势。张掖市毗邻生态位较高的金昌市,酒泉市毗邻生态位较高的嘉峪关市,因此张掖市和酒泉市可以充分利用金昌市、嘉峪关市的辐射扩散作用,在优先保障生态环境功能提升的基础上,增强自身实力,扩大生态位宽度。天水市与武威市虽然目前具有相对竞争优势,但其发展模式无论当前还是未来都存在不协调因素,系统运行存在内耗特征,因此,它们后续可能的发展途径是合理定位、找准生态产业突破口,同时积极寻求区域合作,以实现较优生态效益下的生态位态势扩张。

第三层次,平凉市、酒泉市和庆阳市。

这一层次的城市生态位偏低,整体竞争力较弱,远离生态位宽度较高的兰州市,不能利用兰州市的辐射扩散作用,但平凉市和庆阳市距离第二层次的天水市较近,因此两城市应集中优势资源发展经济,加强与天水市在经济方面的深度合作。平凉市的发展不论是短期还是长期发展均处于协同发展的模式,但其综合生态位处于较低水平,因此是一种低水平下的协调。平凉市可慎重选择产业突破口,譬如生态第三产业之类,并加强基础设施建设,以在保持当前协同模式的前提下,使得生态经济系统各维度均有显著进步。庆阳市虽然具有较高的生态环境生态位,但社会发展维度发展较慢,其余两个维度发展适中,因此近期发展的重心可以是基础设施建设。

第四层次,定西市、陇南市、临夏州和甘南州。

这四个城市应在生态文明建设方面以共生性构建策略为依托,加强与以上各层次城市的合作,逐步提高城市对资源利用的能力,拓展生态位宽度,以综合利用资源能力的提升来巩固城市的发展。定西市与兰州市和天水市相邻,陇南市与天水市相邻,临夏州与兰州市相邻,这三个城市都应充分利用良好的区位条件,加强与区域中心城市在城市发展各方面的深度合作;甘南州应加强与周边城市的合作,以实现城市生态位宽度的稳健扩张。陇南市和甘南州除生态环境占优外,其他三个维度尚需加大力度建设,以提升整体发展质量。

二、几点建议

甘肃省近年的区域发展在强调生态文明建设联动性的基础上,对资源的配置和开发更注重可持续理念。就甘肃省生态经济系统协调运行、生态文明建设稳步发

展,还可考虑如下对策与建议:

第一,坚持以城市群为主体形态、推动大中小城市协调发展。

甘肃省地域面积狭长,生态脆弱,在生态文明建设发展过程中,可以城市群建设作为发展的出发点,坚持中心带动、多极突破的区域发展战略,同时积极完善县域等小城镇的经济结构。

做好城市功能分区建设。发挥核心城市资源和区位优势,各城市积极寻求特色发展点。一方面,拉开生态位重叠度,增加有序竞争,突出重点,形成中心突出、生态良好、分工合理的城市体系;另一方面,各城市之间及城市内部统筹规划,使生态环境、社会发展、基础设施各维度均能协调有序、互相支撑,形成良性互促的局面。

第二,坚持城乡融合发展、统筹实施乡村振兴战略,努力提高生态文明建设质量。

制订长期计划,促进生态文明建设的发展。城市建设离不开富有意义和创造性的规划设计,更离不开脚踏实地的探索与实践。在保证生态文明建设的前提下,完善城乡发展一体化机制,加快农业现代化进程,大力发展循环经济,积极投身知识经济,努力开创生态产业。在顺应时代潮流保证永续发展的前提下,稳步提升生态文明建设的质量。

第四部分
生态文明理念普及度测度

　　西部生态脆弱区大力推进生态文明建设需要"全社会牢固树立生态文明意识"。而现阶段西部民众生态文明意识参差不齐，需要进一步提高公众的生态文明意识，提高公众对生态文明建设的参与度，这对推动整个生态文明建设的进程都是非常关键的。构建统计测度体系，定量分析生态文明意识普及度，进而量化研究民众对政府生态文明建设的满意度，是生态文明制度建设的重要方面。

　　本部分包含两章内容，一是构建生态文明理念普及度测度体系；二是以甘肃省兰州市区高校学生为调查对象，展开大学生生态文明知行情况调查分析，以实证检验问卷设置的合理性、信度与效度，为后续制订规范的生态文明意识调查体系及满意度常模量表提供定量依据。

第十二章

生态文明理念普及度测度体系的构建

第一节　测度内容体系

关于民众生态文明意识的统计测度,因涉及主观理念的度量,宜采用调查方法获取信息,进行问卷分析或量表分析,以定量了解公众生态文明意识的普及程度及存在的问题。

一、测度内容分析

关于生态文明意识研究,基于理论层面,公众的生态文明意识基本是"知"和"行"两方面的问题,是生态文明建设的认知程度和行为力度。其中"知"可以分为知晓度与认同度,"行"可以分为践行度和满意度。因此对于生态文明意识的研究可以分为四个方面:生态文明建设的知晓度、生态文明建设的认同度、生态文明建设的践行度以及生态文明建设的满意度。

第一,生态文明建设的知晓度。

生态文明建设的知晓度是生态文明意识形成的基本条件,是指公众对生态文明基本概念以及生态环境问题的了解程度。主要是从生态文明概念的了解程度、生态文明知识信息的获取方式、环境法制知识的了解程度等方面进行调查,以此来了解公众对生态文明建设知识的薄弱内容,进而给予一些相关建议。

第二,生态文明建设的认同度。

生态文明建设的认同度是生态文明意识形成的关键环节,是指公众对生态文明建设原则的认识与认同的程度,是公众日常生活的行为准则。主要从公众对生态环境的认识、对环境污染的关注以及对整体环境问题的关注等方面进行调查。

第三,生态文明建设的践行度。

生态文明建设的践行度标志着生态文明意识的强化和完善,是指公众在日常生活中对生态文明建设的参与程度。主要是从公众的出行方式、居家行为、理性消费行为、环保活动的参与行为等方面进行调查。

第四,生态文明建设的满意度。

生态文明建设的满意度是生态文明意识形成的客观反映,是指公众在生态文明建设过程中对自身所处环境的总体感受或满意程度。主要是从公众对环境的满意度和对环保行为的满意度两方面进行调查。

二、问卷设计与构成

(一)问卷结构设计

根据上述测度内容,结合研究实际及以往经验,本书将问卷主要内容设计为两部分:受访者有关生态文明知行情况的问题、受访者对政府生态文明建设满意度评价量表。

问卷中有关生态文明知行情况的问题主要包括两大方面的内容:

第一,关于生态文明建设的认知度(知晓与认同)问题,主要包括对生态文明概念的理解程度以及对生态文明建设进程的了解程度。通过对问题的统计分析,可以进一步分析公众对生态文明建设的知晓程度与认同程度。

第二,关于生态文明建设的践行度问题,主要包括日常生活中大学生的行为特点。通过对这些问题的问卷进行分析,可以进一步了解学生对于生态文明建设所做出的努力。

受访者对政府生态文明建设满意度评价量表是由居住环境、生活质量以及政府质量成效等方面的内容组成的。它采用的是五级李克特量表,通过打分来表示指标的重要程度:1表示非常不满意,2表示不满意,3表示一般,4表示满意,5表示非常满意。

(二)最终问卷的形成

最终问卷由四部分组成。

第一部分,受访者基本信息。

通过对这些基本信息、问题的设置,一方面可以分析样本是否具有代表性,另一方面也可以将其作为分类变量与其他问题进行分析。基本信息是对调查对象的个人信息的调查,主要包括性别、年级、学校、家乡所在地以及户口类型五个方面。考虑到被调查者对生态文明建设的知悉程度与评价能力,本次问卷调查的对象为在校大学生。因此,基本信息中包含学生基本情况。

第二部分,生态文明建设认知度与践行度信息。

本部分由18个具体问题条目构成,从生态文明知晓度、认同度及践行度三方面设定问题。具体条目涉及生态文明含义、生态文明制度、生态文明建设途径、对环境与经济关系的理解、个人自律及律他行为等方面。

第三部分,对政府生态文明建设满意度信息。

本部分由24个量表评价条目构成,从居住环境评价、生活质量改善、政府建设行为认可度三方面设定问题。其中,居住环境偏向对自然生态环境的评价,包括对空气、水、土壤三大要素的评价;生活质量改善偏向评价基础设施及民生的绿色规划与改善,包括绿色环境、绿色食品卫生、绿色出行方面的评价;政府建设行为则关注政府经济建设与生态保护间的协调能力、环境治理成效、生态文明制度建设及生态文明宣传教育力度等方面。

第四部分,开放式问题。

本部分设置为开放性问题,听取被调查者对政府生态文明建设的意见与建议。

最终问卷内容见附表17。

第二节　量表分析方法

由于本次问卷由具体问题与量表两部分构成,而问题分析与量表分析侧重点不同、分析目标不同,因而分析方法也不尽相同。由于问卷分析方法相对规范,本节就调查中涉及的量表编制及量表相关分析方法进行梳理。

一、量表编制方法

(一)量表项目分析

项目分析是量表编制最为根本的工作,其主要针对预试项目进行鉴别度分析,分析量表的每个项目是否具有鉴别度[124]。主要从调查数据的遗漏值、离散程度、极端组比较以及项目的总分相关等方面进行分析。其中遗漏值检验的主要目的是检验量表的项目是否存在过多遗漏,遗漏过多的项目应考虑予以删除;项目描述统计检验是通过均值和方差来判断项目的离散程度,进而来诊断题目的优劣;极端组比较与题目总分相关分析的主要目的是考察量表项目的鉴别度。极端组比较是将初测样本的量表总分高低排列,计算各项目在两个极端组的得分平均数,进行差异性检验。若项目具有鉴别度,则T检验应达到显著水平。项目总分相关分析研究每个题目与其他题目加总后的总分(不包含题目本身)之间的相关系数,一般要求达到0.3以上。

(二)量表信度分析

量表信度是检测所收集数据的可靠性,其意义是表征测量结果的一致性程度与可靠程度[125]。测量信度最为常用的估计方法有以下几种:

第一,再测信度,是指将同一种测量量表先后分两次测量,并且测量同一群体,然后求取两次测量的相关系数,以此来反映测量分数的稳定性。

第二,内部一致性信度,是用来测量项目之间的内部一致性,反映的是题目之间的同质性。常用的系数有库李信度系数、克伦巴赫α系数、折半信度系数。其中克伦巴赫α系数适用于多元尺度变数或者多元计分的测量。

在众多文献有关数据中,使用克伦巴赫α信度系数对数据进行信度分析的最为广泛,克伦巴赫α信度系数的公式为:

$$Cronba\,ch's\ \alpha = \frac{k}{k-1}\left(1 - \frac{\sum s_i^2}{s^2}\right) \tag{12-1}$$

式中,K表示项目数,s^2表示总项目的方差,s_i^2表示各题的方差。该方法适合应用于态度、意见等形式的问卷的信度分析。当量表的信度系数α达到0.9以上,说明此量表中的测量项目具有良好的内部一致性,能够很好地量化所需要量化的抽象问题。一般量表的信度系数达到0.6以上是可以接受的。但如果信度系数低于0.6,则研究者需要重新考虑量表的项目。

(三)量表效度分析

量表效度是研究应用测量工具所得到的测量值和真实值的接近程度。研究所得的测量值的效度愈高,则说明测量的结果越能反映出所要测量对象的真实特征。量表的效度分析即是对二者相近程度的检验。

量表效度分析包含内容效度、效标关联效度以及建构效度三方面内容,其中内容效度指的是用专业知识来判断评判尺度是否能够衡量研究所要衡量的对象,因此属于主观分析方法,可从量表编制各环节的严谨性与科学性进行论证;效标关联效度是指选用的衡量工具与特定衡量工具相比两者是否具有关联性;建构效度指的是调查问卷或量表可以测量到的理论上的概念或者特质的程度。

二、验证性因素分析方法

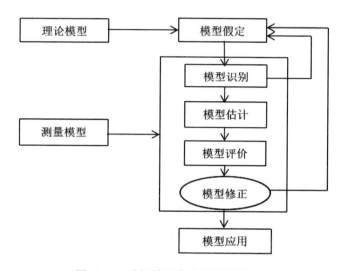

图 12-1　验证性因素分析的建模过程

因素分析作为量表建构效度分析主要的分析方法,可分为探索性因素分析(EFA)与验证性因素分析[126](CFA)。EFA 的目的是确认量表的因素结构或一组变量的模型,而 CFA 是依据严谨的理论,研究者事先假定一个正确的因素模型,并验证模型的合理性。因此在具有严谨的理论支持的情况下,选用验证性因素分析检验量表的建构效度。验证性因素分析属于一般结构方程模型,其分析步骤与结构方程模型分析步骤一致,模型分析过程如图 12-1 所示。

(一)理论模型设定

1.理论模型的方程结构

结构方程模型包括测量模型和因果模型两部分,其中测量模型记为验证性因素分析模型[127]。测量模型是由潜在变量和观测变量组成。潜在变量又称为隐变量,观察变量又称为显变量。测量模型反映了隐变量和显变量之间的关系。

根据显变量与隐变量之间的关系,测量模型可以写成如下模式:

$$y = \Lambda_y \eta + \varepsilon \qquad (12-2)$$

$$x = \Lambda_x \xi + \delta \qquad (12-3)$$

公式(12-2)是内生变量方程,公式(12-3)是外生变量方程。式中,y 是内生显变量,x 是外生显变量,η 是内生隐变量,ξ 是外生隐变量,矩阵 Λ_y 和 Λ_x 分别为反映 y 对 η 和 x 对 ξ 关系强弱程度的系数矩阵,为因子分析中的因子载荷,ε 和 δ 分别为 y 和 x 的测量误差。

2.理论模型的路径图

验证性因素分析的理论模型是采用可视化统计模型路径图的形式给出的,以这种方式设定理论模型,能够清晰明了、直观地了解各变量之间所存在的关系。

(二)测量模型的建立

1.模型识别

模型识别可以分为恰好识别、不可识别和过度识别三种方式,其判断方法是模型中方程的个数和未知参数的个数之间的关系,若两者个数相等,则说明模型恰好识别;若未知参数的个数多,则说明模型不可识别;若方程的个数多,则说明模型过度识别。最好的模型是过度识别模型,因为不可识别模型无法求解,恰好识别模型只有唯一解,但无法保证唯一解能够通过模型检验。只有当模型为过度识别模型时,才可以在未知参数上设定不同的条件来调整参数值使得模型符合要求。

2.模型估计

结构方程估计的目的是缩小模型估计的协方差阵和样本协方差阵之间的差异。结构方程的参数估计方法包括极大似然法(MLE)、广义最小二乘法(GLS)、未加权最小平方法、尺度自由最小平方法和渐进分布自由法等。

不同的估计法有不同的适用条件。MLE法适用于非对称的大样本(样本数大于500),当大样本满足于观察数据服从正态分布或观测数据不服从正态分布,但其峰度不大于8时,此时选择MLE法最合适[128];而GLS更适用于观测数据不服从正态分布或样本数少于500的数据。

3.模型评价

整体模型的评判标准见表12-1。

表12-1　整体模型的适配指数

指标		评判标准
绝对适配指数	χ^2/df	1<NC<3,简约适配 NC>5,需要修正
	RMR	<0.05
	RMSEA	<0.05良好,<0.08普通
	GFI	>0.90
	AGFI	>0.90
比较适配指数	NFI	>0.90
	RFI	>0.90
	IFI	>0.90
	TLI	>0.90
	CFI	>0.90
简约适配指数	PGFI	>0.50
	PNFI	>0.50
	CN	大于200

如表12-1所示,模型评价从两方面进行评价,一方面是模型的参数检验,主要是参数的显著性检验与参数的合理性检验,运用 t 检验方法检验参数的显著性,从误差方差、标准化参数系数以及标准误差方面检验参数估计的合理性,若误差方差存在负值、标准化参数系数大于1、标准误差存在异常值都说明参数不具有合理性;另一方面是模型的整体评价,模型整体评价分为三类,一类是模型的绝对适配指标,一类是比较适配指标,还有一类是简约适配指标。

4.模型修正

模型修正是指当概念模型对收集到的数据拟合效果不理想时,可依据拟合的结果,通过将模型的参数释放或固定的方法,再对模型进行新一次的估计。模型修正的两个方向[129],一个是向模型简约方面修正,即删除或限制一些路径;一个是向模型拓展方向修正,即放松一些路径的限制。模型修正的依据:一是检查参数标准误差的大小,检查参数估计是否合适。若变异数估计值为负值时,处理方法很简单,就是把这个变异数固定在一个很小正数,如0.005,若是相关系数值超过或者非常接近1,此时可以考虑删除模型中的一个变量;二是 MI 修正指数, MI 指数指两个模型 χ^2 之差, $MI = \chi_1^2 - \chi_M^2$,当 MI 的值较大时,释放相应的路径系数,模型会得到进一步修正。

第三节　测度框架体系

生态文明意识普及度测度体系包含测度内容的确立、问卷设计、调查方法设计、问卷内容分析方法的选取等方面,其基本框架如图12-2所示。

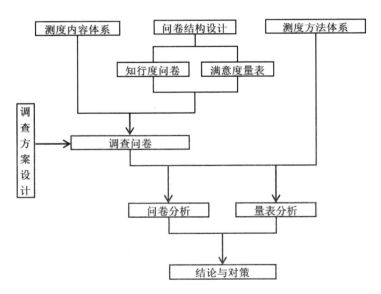

图12-2　生态文明意识普及度测度体系

第十三章

甘肃省大学生生态文明知行情况的调查分析

考虑到大学生群体能够对生态文明建设做出有效的认知,本章遂以大学生为研究群体,考察大学生对生态文明建设的认知度、践行度和满意度等,以期为政府部门的生态文明工作提供理论依据。

第一节   调查方案设计

一、调查对象及确定样本量

1.调查对象

本次调查选定的调查对象为兰州市内五所重点高校的全体在校生,分别为西北师范大学、兰州理工大学、兰州交通大学、甘肃农业大学以及兰州财经大学的学生。

2.样本量的确定及分配

本次问卷调查采用的是简单随机抽样,根据不同规模总体在 $P=0.5$ 时,且误差界限为 $D=0.05$ 、置信度为 $1-\alpha=95\%$ 的标准,根据式(13–1):

$$n = \frac{z^2 p(1-p)}{e^2} \qquad (13-1)$$

确定样本量为384名学生。由于在问卷发放过程中采用的是非概率抽样,为保证有效问卷达到384份,最终确定发放问卷1000份。

二、调查问卷的设计

问卷设计分为基本信息和具体问题两个方面:基本信息主要是对调查对象的个人信息的调查,包括性别、年级、学校、家乡所在地以及户口类型五个方面;具体问题包括四个方面:第一是对生态文明建设的认知度,主要反映大学生对生态文明概念及环保法制的了解程度及辨识程度;第二是对生态文明建设的认同度,主要调查了解对生态文明建设的主要困难及其影响因素等内容的认同程度;第三是对生态文明建设的践行度,主要反映的是大学生对生态文明建设做出的努力;第四是学生对自己家乡生态文明建设的满意度,主要反映的是大学生对生态文明建设的满意度以及生态文明建设的具体效果。

第二节 调查结果统计分析

一、调查对象基本特征分析

此次调查问卷共发放1000份,回收有效问卷为926份。从图13-1中可以看出女生人数占总人数的52.27%,男生占47.73%,调查对象的性别比例较均衡;一年级、二年级、三年级、四年级以及研究生的比例分别为21.38%、23.97%、24.84%、22.79%、7.02%,由于研究生较少,所以问卷所占的比重较小,而一年级、二年级、三年级以及四年级的分布较为均匀;调查对象中有58.10%的学生为农业户口,有41.90%的学生为城镇户口,说明在调查的样本中农村户口的学生多于城镇户口的学生,这在一定程度上反映了当前高校学生中农村户口的学生会多一些。综上所述,调查样本具有一定的代表性。

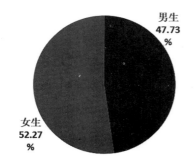

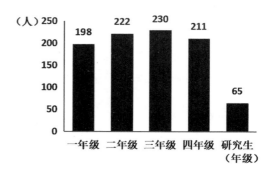

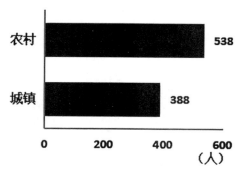

图 13-1　样本基本情况统计图

二、问卷调查结果分析

（一）知晓度分析

对于生态文明建设知晓度方面的分析，主要从生态文明概念、生态文明建设知识的获取方式、生态文明建设法律法规以及清洁能源等方面进行。

调查结果发现，对于生态文明建设的概念及意义，能够准确把握的学生仅为6.57%，而了解基本概念及意义的占49.77%，对生态文明建设有模糊认识的占38.50%，完全不了解生态文明建设的为5.16%。由此可见，有近一半的学生能够准确把握和了解生态文明建设的概念及意义。但也有近一半的学生对生态文明建设仅仅是有模糊印象或完全不了解，这说明学校需要加强对学生的生态文明建设意识的培养。

图 13-2 表示学生获取生态文明知识的途径，首先是学生获取生态文明建设知识的主要途径为网络或者电视、广播，这两种获取方式都达到了40%以上；其次是学校宣传与政府宣传，有超过20%的学生是通过这两种方式获取生态文明建设的知识；再次是有15.12%的学生从报纸上获取信息（由于问卷设计的多选题，所以数据总和超过了百分之百，下文与之同理，不再赘述）。这说明关于生态文明建设知识的获取，网络、电视、广播是获取知识的最主要的方式，同时学校与政府也应该加强生态文明建设的宣传，使更多的人能够深入了解生态文明建设。

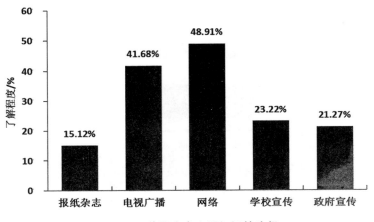

图 13-2   获取生态文明知识的途径

关于环境法律法规了解程度的调查,从图 13-3 可以看出,有超过 50%的学生对环境法律法规能准确把握和了解基本概念,这也表明大多数学生对环境问题及生态保护有一定的关注。但仍有 7.24%的学生完全不了解环境法律法规,对环境问题不是很关注,这表明政府应该加强对环境法律法规的宣传。

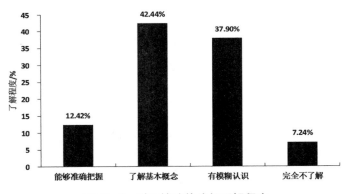

图 13-3   对环境法律法规了解程度

对于清洁能源了解程度的调查,从图 13-4 中可以看出,虽然有 49.46%的学生对清洁能源了解基本概念,但只有 10.15%的学生能够准确把握,并且仍有 3.78%的学生完全不了解清洁能源,由此也说明清洁能源在现实生活中普及程度不高。

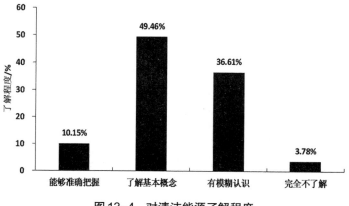

图 13-4   对清洁能源了解程度

关于生态农业了解程度的调查,从图 13-5 可以看出,有 43.63% 的学生对生态农业了解基本概念,累计有 90% 以上的学生对生态农业有一定的了解,但也有 5.29% 的学生完全不了解。

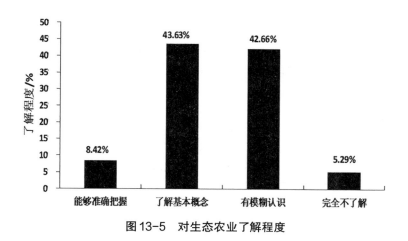

图 13-5   对生态农业了解程度

综上所述,政府和学校应该加大对生态文明建设知识的宣传与普及,提高学生及居民的生态文明意识,这对生态文明建设具有重要的意义。

(二)认同度分析

对于生态文明建设的认同度分析,主要从生态文明建设的影响因素以及生态文明建设的主要困难两方面进行。

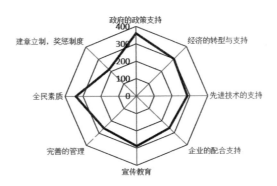

图 13-6　生态文明建设的主要影响因素

　　关于生态文明建设的主要影响因素,具体调查结果见图 13-6。图 13-6 表示学生对生态文明建设主要影响因素的评价,从中可以看出,政府的政策支持是影响生态文明建设最主要的影响因素,有 84% 的学生选择此项;其次是全民素质,占比为80%;最不重要的影响因素为建章立制,奖惩制度,仅占 50%。

　　关于生态文明建设过程中的主要困难,具体的调查结果见图 13-7。从图 13-7中可以看出,学生认为民众生态意识薄弱是生态文明建设过程中最主要的困难,其次的困难是短期内效果不明显。

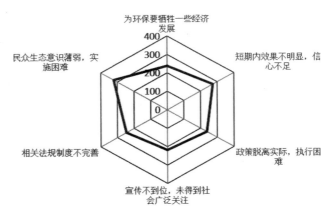

图 13-7　生态文明建设过程中的主要困难

综上所述,政府的政策支持、全民素质以及经济的转型与支持都是生态文明建设过程中的重要影响因素。而在生态文明建设过程中民众的生态意识薄弱、实施困难,短期内效果不明显、信心不足,政策脱离实际以及执行困难,都是生态文明建设过程中的困难。

(三)践行度分析

对于生态文明建设的践行度的调查,主要从日常生活中废旧电池的处理、餐厅剩饭的处理、购物时购物袋的自行准备情况、用餐时一次性餐具的使用情况、旧衣服的处理方式、废物利用的情况等大学生身体力行的各方面来进行。

在日常生活中,在废旧电池的处理方面,有超过80%的学生具有环保意识,其中32%的学生会尽可能使用充电电池,减少废电池的产生;有37%的学生是想要将废电池投入废电池回收箱,但附近又缺少废电池回收箱。说明在废旧电池处理方面,多数学生会选择正确的处理方式。

在外吃饭时,对于剩饭剩菜的处理,近92%的学生可以接受打包剩菜剩饭的方式,其中70%的学生表示自己会经常打包剩饭剩菜。说明学生很珍惜粮食,会有意识地避免粮食的浪费。

在外出购物习惯方面,有15%的学生表示会经常自己准备购物袋,有44%的学生表示自己偶尔会准备购物袋,而41%的学生表示自己很少或几乎从不准备购物袋。这说明关于超市购物袋的使用,应进一步加强宣传,尽量减少购物袋的使用。

在一次性餐具使用方面,有36%的学生表示自己经常使用一次性餐具,有43%的学生表示自己偶尔使用一次性餐具,仅有21%的学生表示自己很少或从不使用一次性餐具。说明现在关于一次性餐具的使用还很严重,应该进一步宣传减少一次性餐具的使用,以避免浪费。

在旧衣服的处理方面,有47%的学生表示自己的旧衣服会捐出去,有18%的学生会选择将自己的旧衣服送给其他人,而28%的学生表示会将自己的旧衣服压箱底。这说明在旧衣服的处理方面,多数学生的处理方式不会造成浪费,为避免资源浪费做出了一定的贡献。

在节水节电方面,有62%的学生表示经常会有意识地节约用水、节约用电,有32%的学生表示自己偶尔会有节约用水用电的意识。这说明学生的节水节电意识应进一步加强。

在废物利用方面,有20%的学生表示会经常动手将一些不要的东西重新利用,有51%的学生表示偶尔会重新进行废物利用。这说明应该加强学生废物利用意识的培养。

在看到身边有人破坏生态环境方面,有39%的学生会选择立即上前制止,有20%的学生会选择向有关部门反映,有18%的学生会对破坏环境的行为进行拍照并上传网络对这种行为进行谴责,仅有23%的学生认为这种行为和自己没有多大的关系。这说明多数学生具有生态文明建设的意识,认识到生态环境的重要,并认为与自己息息相关。

总体分析可得,多数学生在废旧电池、剩饭剩菜、旧衣服、节约用电用水以及在处理他人破坏环境方面的践行度较高。但是在外出购物时购物袋的准备、一次性餐具的使用以及在一些废物重新利用方面,学生的践行度有待提升。

(四)满意度分析

1.生态文明建设满意度量表的效度分析

为检验生态文明建设满意度问卷的结构效度,本研究采用探索性因子分析。首先对问卷进行KMO和Bartlett球型检验,KMO的值为0.951,并且Bartlett检验的P值为0,通过了检验。因而可以进一步进行探索性因子分析,进行问卷的结构效度验证。

采用最大方差正交旋转的方法,保留特征值大于1的因子,进行探索性因子分析,发现24个题项可以提取3个因子,并且其累计方差贡献率达到59.75%,超过50%的标准。旋转后的因子载荷矩阵,如表13-1所示。

表13-1是旋转后的因子载荷矩阵。在量表中的24题项,共提取3个因子,并且每个题项的因子载荷系数都大于0.4,因此可以看出生态文明建设的满意度量表具有较好的结构效度。

表13-1　旋转后的因子载荷矩阵

	因子	因子载荷
X_1	空气质量	0.673(F_1)
X_2	饮用水质量	0.704(F_1)
X_3	污水处理	0.646(F_1)
X_4	生活垃圾处理	0.625(F_1)

续表

	因子	因子载荷
X_5	土壤污染治理	$0.631(F_1)$
X_6	河流、湖泊污染治理	$0.658(F_1)$
X_7	噪声强度	$0.568(F_1)$
X_8	当地食品、药品安全情况	$0.517(F_2)$
X_9	周边环境绿化	$0.582(F_2)$
X_{10}	当地公共卫生条件	$0.626(F_2)$
X_{11}	当地看病就医状况	$0.687(F_2)$
X_{12}	当地医保制度执行状况	$0.628(F_2)$
X_{13}	当地公共基础设施	$0.650(F_2)$
X_{14}	当地治安状况	$0.581(F_2)$
X_{15}	当地基础教育资源设施	$0.669(F_2)$
X_{16}	城乡道路规划	$0.569(F_2)$
X_{17}	当地公共交通的使用情况	$0.497(F_2)$
X_{18}	政府治理环境污染成效	$0.603(F_3)$
X_{19}	政府治理噪声污染成效	$0.582(F_3)$
X_{20}	政府对环境绿化的改善效果	$0.569(F_3)$
X_{21}	当地因经济发展对湿地、耕地、林地等生态空间的占用	$0.620(F_3)$
X_{22}	政府进行的生态文化(教育宣传)活动	$0.658(F_3)$
X_{23}	政府对生态文明建设的重视程度	$0.776(F_3)$
X_{24}	政府的生态文明制度建设	$0.745(F_3)$

　　根据每个因子下具体题项的实际含义,可以将每个因子命名,$X_1 \sim X_7$主要是对空气质量、饮用水质量、污水处理等生活居住环境的评价,因此可以将第一个因子命名为居住环境;$X_8 \sim X_{17}$主要是对当地的食品安全、交通方式、教育环境等问题的评价,因此可以将第二个因子命名为居民生活质量;$X_{17} \sim X_{24}$主要是对政府治理成果的评价,因此第三个因子可以命名为政府治理行为。

　　2.生态文明建设满意度量表的信度分析

　　问卷信度分析即可靠性分析,是检验收集到的数据是否可信,以判断能否进行下一步的数据分析。本研究采用CRONBACH'S α信度系数做内部一致性信度检验,检验结果如表13-2。

表13-2 信度分析的Cronbach's α系数表

指标	Cronbach's α	基于标准化项的 Cronbach's α	项数
F_1居住环境	0.836	0.838	7
F_2居民生活质量	0.880	0.880	10
F_3政府治理行为	0.863	0.863	7
总量表	0.933	0.933	24

表13-2中的数据为各个因子量表的Cronbach's α系数,其值均在0.80以上,在可接受范围内,总量表的Cronbach's α系数已达到0.933,由此可知,总量表及各分量表均具有很好的内部一致性,表明此自编量表的项目研制是稳定的、可靠的。

三、生态文明建设满意度的探索性因素分析

(一)理论模型的构建

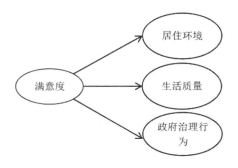

图13-8 生态文明建设满意度理论模型

基于探索性因素分析,构建生态文明建设满意度理论模型,如图13-8所示,其中满意度为内在潜变量,居住环境(F_1)、生活质量(F_2)以及政府治理行为(F_3)为外在潜变量,内在潜变量与外在潜变量之间存在因果关系。由假设理论模型可以提出以下假设,如表13-3所示。

表13-3　生态文明建设理论模型的假定

假设编号	假设内容	相互关系	所属类型
H₁	居住环境对满意度	正向影响	验证性假设
H₂	生活质量对满意度	正向影响	验证性假设
H₃	政府治理行为对满意度	正向影响	验证性假设

（二）模型估计

模型具有多种参数估计方法,而方法的选择由样本量与样本数据是否服从正态性共同决定。由于样本量已经确定,因此需要对样本数据进行正态性检验,以此选择模型参数估计的方法。通过对调查数据的正态性检验,发现所有样本的正态性检验的P值均大于0.05,说明所有变量均服从正态分布。因此,本研究选择采用极大似然估计（MLE）方法对假定模型进行估计,估计值及各项拟合指标结果如表13-4所示。

表13-4　整体模型的参数估计表以及误差项估计

测量变量	潜变量	估计系数	S.E.	t值	p值	因子载荷	误差	误差系数	S.E.	t值	p值
…	…	…	…	…	…	…	F	0.246	0.032	7.659	***
F_1	F	1.000	…	…	…	0.821	e11	0.119	0.017	7.029	***
F_2	F	1.163	0.090	12.910	***	0.933	e12	0.131	0.017	7.727	***
F_3	F	1.221	0.089	13.651	***	0.859	e13	0.050	0.012	4.267	***
X_1	F_1	1.000	…	…	…	0.551	e1	0.834	0.042	19.986	***
X_2	F_1	1.122	0.073	15.357	***	0.671	e2	0.559	0.030	18.718	***
X_3	F_1	1.142	0.075	15.303	***	0.702	e3	0.489	0.027	18.380	***
X_4	F_1	1.104	0.072	15.289	***	0.720	e4	0.413	0.023	17.950	***
X_5	F_1	1.117	0.073	15.205	***	0.718	e5	0.427	0.024	18.006	***
X_6	F_1	1.087	0.075	14.520	***	0.646	e6	0.603	0.031	19.203	***
X_7	F_1	0.926	0.070	13.199	***	0.552	e7	0.713	0.036	20.077	***
X_8	F_2	1.000	…	…	…	0.647	e8	0.531	0.027	19.807	***
X_9	F_2	1.102	0.062	17.904	***	0.678	e9	0.545	0.028	19.465	***
X_{10}	F_2	1.073	0.060	17.838	***	0.674	e10	0.528	0.027	19.510	***
X_{11}	F_2	1.098	0.062	17.668	***	0.673	e11	0.557	0.029	19.507	***
X_{12}	F_2	1.050	0.059	17.714	***	0.668	e12	0.523	0.027	19.589	***
X_{13}	F_2	1.061	0.059	17.887	***	0.684	e13	0.489	0.025	19.445	***

测量变量	潜变量	估计系数	S.E.	t值	p值	因子载荷	误差	误差系数	S.E.	t值	p值
X_{14}	F_2	0.986	0.060	16.539	***	0.619	e14	0.599	0.030	20.043	***
X_{15}	F_2	1.033	0.062	16.790	***	0.638	e15	0.592	0.030	19.805	***
X_{16}	F_2	0.954	0.059	16.036	***	0.601	e16	0.614	0.031	20.136	***
X_{17}	F_2	0.972	0.059	16.348	***	0.616	e17	0.591	0.030	20.026	***
X_{18}	F_3	1.000	…	…	…	0.742	e18	0.406	0.023	17.959	***
X_{19}	F_3	0.986	0.044	22.194	***	0.733	e19	0.415	0.023	18.098	***
X_{20}	F_3	0.918	0.045	20.573	***	0.696	e20	0.445	0.023	18.962	***
X_{21}	F_3	0.835	0.046	18.264	***	0.624	e21	0.545	0.028	19.795	***
X_{22}	F_3	1.009	0.049	20.663	***	0.712	e22	0.493	0.026	18.669	***
X_{23}	F_3	0.864	0.046	18.974	***	0.655	e23	0.495	0.025	19.434	***
X_{24}	F_3	0.929	0.048	19.229	***	0.664	e24	0.545	0.028	19.344	***

注:***表示 α =0.01时显著。

表13-4中的数据代表模型的基本适配指标,表中所有测量变量的误差变量没有发现负数,符合参考值;所有测量变量的因子载荷也大多在0.50~0.95,并且在0.001水平下,即 P<0.001,t>1.96,达到显著水平,说明内在潜变量满意度对三个外在潜变量(居住环境、生活质量以及政府治理行为)的解释是有意义的,24个观测变量对三个外在潜变量的解释是有意义的,说明假定模型已经达到基本适配。

表13-5　整体模型的适配指数表

指标		评判标准	适配指数
绝对适配指数	χ^2/df	1<NC<3,简约适配 NC>5,需要修正	4.197
	RMR	<0.05	0.040
	RMSEA	<0.05 良好,<0.08 普通	0.059
比较适配指数	NFI	>0.90	0.903
	IFI	>0.90	0.916
	TLI	>0.90	0.907
	CFI	>0.90	0.916

续表

指标		评判标准	适配指数
简约适配指数	PGFI	>0.50	0.755
	PNFI	>0.50	0.805
	PCFI	>0.50	0.826

表13-5中的数据代表模型的整体适配指数,从表中的数据可以看出,模型的绝对适配指数、比较适配指数以及简约适配指数均达到模型的评判标准,因此,说明模型的拟合程度良好,无须进行修正。

（三）模型结果

通过采用极大似然估计方法对模型进行估计,并且模型的拟合程度较好,因此可判定前文生态文明建设理论模型的假定,H₁、H₂以及H₃均成立,说明居住环境、生活质量以及政府治理服务都对生态文明建设满意度评价具有正向的影响。模型的具体结果以及各变量之间的影响路径及程度如图13-9所示。

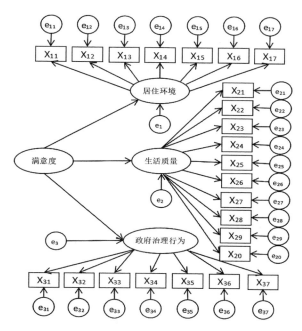

图13-9　整体模型路径图

（四）基于模型的满意度分析

从生态文明建设满意度的整体模型来看，居民的居住环境、生活质量以及政府治理行为都对生态文明建设的满意度评价存在正向影响，其中居民生活质量的标准化路径系数为0.93，是对整个生态文明建设满意度影响程度最大的，其次是政府的治理行为对整体满意度的影响。

通过此次大学生生态文明建设知行情况的调查，了解了现阶段甘肃省对于生态文明建设的满意度情况，各项指标的满意度均值见表13-6。

表13-6　生态文明建设满意度各项评价指标的均值

指标	内容	均值	指标	内容	均值
X_1	空气质量	3.03	X_{13}	当地公共基础设施	3.11
X_2	饮用水质量	3.08	X_{14}	当地治安状况	3.24
X_3	污水处理	2.81	X_{15}	当地基础教育资源设施	3.16
X_4	生活垃圾处理	2.83	X_{16}	城乡道路规划	3.14
X_5	土壤污染治理	2.91	X_{17}	当地公共交通的使用情况	3.08
X_6	河流、湖泊污染治理	2.85	X_{18}	政府治理环境污染成效	3.06
X_7	噪声强度	2.98	X_{19}	政府治理噪声污染成效	3.04
X_8	当地食品、药品安全情况	3.10	X_{20}	政府对环境绿化的改善效果	3.12
X_9	周边环境绿化	3.20	X_{21}	当地因经济发展对湿地、耕地、林地等生态空间的占用	3.07
X_{10}	当地公共卫生条件	3.13	X_{22}	政府进行的生态文化（教育宣传）活动	2.99
X_{11}	当地看病就医状况	3.07	X_{23}	政府对生态文明建设的重视程度	3.10
X_{12}	当地医保制度执行状况	3.19	X_{24}	政府的生态文明制度建设	3.09

从表13-6中的数据可以看出，现阶段甘肃省整个生态文明建设的满意度处于一般水平。

综上所述，高校学生对甘肃省的生态文明建设的满意度相对偏低。甘肃省的污水处理、生活垃圾处理以及公共卫生条件的满意度还没有达到一般水平，城市基础设施建设与完善是后续甘肃省提高生态文明建设民众满意度的着手点。

第三节　本章小结

一、主要结论

第一,甘肃省高校学生对生态文明建设的知晓度相对较低。调查结果表明,目前只有近50%的学生能够充分了解生态文明建设的概念及意义,这在一定程度上反映了当前社会公众对生态文明建设的知晓度,所以,政府层面对生态文明建设的宣传工作还需进一步加强。

第二,高校学生对生态文明建设的践行能力有待加强,部分高校学生尚未养成良好的有助于生态文明建设的生活和消费习惯,尤其是在一次性餐具的使用、超市购物袋的准备以及在废旧物重新利用方面的践行度较低,需要进一步提高。

第三,在生态文明建设的满意度方面,被调查者对污水处理、生活垃圾处理以及公共卫生条件等方面的满意度相对较低,加快相关城市设施建设与完善,将直接影响生态文明建设满意度。

通过调查及访谈资料,分析整理可得,在生态文明建设方面,最主要的影响因素为政府政策的支持以及全民素质的提升;最主要的困难就是民众生态意识的薄弱,实施困难;短期内效果不明显,信心不足。

二、建　议

第一,加强生态文明建设的宣传教育。

高校学生作为未来生活的主导者,在国家大力推进生态文明建设的过程中,对于生态文明建设起着重要的作用。因此,在高校教育中应增设生态文明建设方面的相关课程或学校应定期举办生态文明建设以及有助于生态文明建设的生活和消费习惯的宣传活动。同时需要提高社会公众对生态文明建设的知晓度,并以此培养社会公众绿色环保的生活习惯。

第二,加大对生态问题的治理。

在当前甘肃省生态文明建设的满意度分析中,高校学生对甘肃省生态环境的满意度较低,特别是污水处理、生活垃圾处理以及公共卫生条件等方面。针对污水处理,可以从污水处理厂方面进行治理,首先可以加大对污水处理厂的建设投入,政府在政策上和财政上给予一定的支持;其次可以提高现有污水处理厂的功能;最后是提高污水处理厂的经济性,建设适当规模的污水处理厂。关于生活垃圾的处理,首先要对生活垃圾进行分类,不同类型的垃圾处理方式是不同的,然后根据不同类型的垃圾选用不同的处理方式,可选择填埋、堆肥或焚烧处理。针对公共卫生条件,首先可以在能力范围内在城镇和乡村增加一些社区卫生服务,其次是提升考核任务指标的科学性和合理性,提高基础服务质量,最后是营造良好氛围提升居民健康素养。

第三,加大政府的政策支持力度。

调查结果显示,政府政策的支持是生态文明建设过程中最重要的影响因素。加大政府政策支持力度,对生态文明建设具有重要影响。在工业和农业生产过程中,政府应该鼓励支持采用节能减排的技术;对引进环保设备的企业采取政府补贴机制或实施减免税收政策等。

第四,提高全民素质。

生态文明建设并不只是政府的工作,需要大家在日常生活中共同努力,全民生态文明素质的提升在一定程度上影响着生态文明建设的进程。提高居民生态文明素质最重要的一点就是要加强生态文明建设的宣传。对于提高学生生态文明素质,建议学校加强对生态文明知识的宣传,开设专门的生态文明课程;对于提高普通居民生态文明素质,可以通过对居民进行分批培训,学习生态文明建设的新理念,学习日常生活中的环保小常识,组织生态环保实践活动,逐步提高全体公民的素质。

第五部分
结论与展望

　　第五部分是本书的结论部分,通过前面四部分的分析,得出结论,并予以研究展望,以期后续研究工作。

第十四章

研究结论与未来展望

第一节　主要研究结论

生态文明建设统计测度体系的构建及实践,不仅是统计学一个值得研究的课题,也是生态经济学一个重要的研究方向。它不仅具有理论意义,也是当前定量评估生态文明建设进程的有效工具。本书以生态经济学为理论基础,以生态经济统计分析为方法导向,以西部生态脆弱区为研究对象,系统探讨生态文明建设统计测度内容体系、指标体系及方法体系,并基于此进行了应用研究,最终从理论与应用两方面,得出了一系列结论。

一、理论研究主要结论

第一,通过探讨生态文明内涵及生态脆弱区局限性与生态功能以及发展的真实含义,立足生态经济系统,构建了西部生态脆弱区生态文明建设统计测度体系。

本书结合生态经济学理论,对生态脆弱区生态文明建设统计测度的特性与要点进行探讨,系统梳理了生态文明建设统计测度的主要内容、指标选取的基本原则、测度方法的选取要点等,总结了生态脆弱区生态文明建设的测度重点,尝试就统计测度的规范化方面提供研究模式。

第二,阐述了西部生态脆弱区生态文明建设中存在的主要问题,进而结合定量分析,系统总结了甘、青、宁三省区生态文明建设所面临的挑战,以作为确定西部生态脆弱区生态文明建设测度重点的基础,就科学合理制定生态文明建设统计评价体系提供量化依据。

第三,以甘、青、宁三省区为例,探讨了生态脆弱区生态安全测度内容及测度方法,并得到一系列评价甘、青、宁三省区生态安全状况的量化结论。

本书首先界定了生态脆弱区生态安全的核心是生态子系统的安全,进而采用具有生态学属性的生态足迹方法,构建甘、青、宁三省区生态足迹账户体系,测算了甘、青、宁三省区生态足迹时间序列,通过对生态足迹、生态承载力及生态压力指数变动特征的统计分析,得到区域生态安全评价结果。本书从生态供给角度解析了生态安全影响因素,基于此,将研究重心放在产业结构变动对生态安全的影响测度上。以甘、青、宁三省区为例,借助VAR模型定量模拟产业结构变动对区域生态安全的冲击机制,结合定量结论就甘、青、宁三省区生态系统安全运行给出了若干建议。

第四,构建了省域层面评价区域生态文明建设成效的方法体系,并以甘、青、宁三省区为例进行了实证评价,总结了甘、青、宁三省区生态文明建设中的优势及短板。

本书以国家生态文明建设战略规划为指导,结合西部发展特征,首先构建了西部生态脆弱区生态文明评价指标体系,进而构建并测算了甘、青、宁三省区生态文明进步指数。省域层面的评价侧重考核评价对象生态文明建设的进步程度,属于动态评价,同属性省份之间亦可进行横向比较,静态、动态结合且针对生态脆弱区的生态文明建设评价结果,是政府绿色发展指数评价的一个补充。

第五,构建了市域层面生态文明建设进程的统计测度体系,并以甘肃省为例,就其城市生态文明建设进行综合评价,分别从生态文明建设水平、建设潜力、城市间发展的有序性及市域生态经济系统运行的协调性等方面入手,全方位量化测度了城市生态文明建设进程。

第六,在生态文明建设统计测度方法的选取上,立足生态经济系统,尝试将统计分析方法与生态学方法有机结合,以求定量分析过程更符合生态经济学实质,从而增强定量分析结果的稳健性与可靠性。

本书将生态位态势模型引入生态文明建设评价中,借助生态位模型优势,实现水平与潜力的同时评估;引入Lotka-Volterra模型,探讨模型的统计学建模路径并进行实证分析,模拟区域生态经济系统各子系统间的运行机制,进而评价系统运行的协调性。

第七,尝试构建了生态文明理念普及度测度体系,分别从生态文明知晓度、认同度、践行度及对生态文明建设的满意度四方面对民众展开调查,为生态脆弱区生态文明宣传与教育提供实证经验。

结合西部生态脆弱区民众生活水平及受教育水平,并以多次调研为基础,本书首先确定了生态文明理念普及度测评的主要方法为抽样调查法、调查内容包括问卷与量表,进而在探讨调查对象的确定、调查具体内容的构成及调查过程的科学性保障等问题的基础上,得出了民众生态文明理念普及度测度思路及测度重点,并以兰州市区高校大学生为例展开调查,得到了一系列定量分析结论。

二、应用研究相关结论

(一)省域研究实证结论

本书立足省域层面,以甘、青、宁三省区为例,对西部生态脆弱区生态文明建设统计测度展开实证研究,得到一系列定量分析结论。

1.区域生态安全方面

第一,甘、青、宁三省区当前生态安全形势严峻。

2016年甘肃省人均生态赤字为1.639公顷,青海省人均生态赤字为1.329公顷,宁夏回族自治区人均生态赤字为7.349公顷 ,甘、青、宁三省区人类生产活动均已超出自然生态系统的供给能力,生态经济系统属于生态不可持续发展状态。其中,宁夏回族自治区生态压力最为显著,其生态安全状况亟须关注。

第二,甘、青、宁三省区生态供求均处于失衡状态。

从生态供给角度来看,甘肃省生态承载力主要是由耕地、林地、建筑用地的生态承载力为主,其次是草场生态承载力,水域生态承载力比重最小,这与甘肃省长期干旱的区域地理特征相符合;青海省生态承载力主要是以草场、耕地、林地的生态承载力为主,其次是水域生态承载力,建筑用地承载力所占比重最小;宁夏回族自治区生态承载力主要是以耕地、建筑用地的生态承载力为主,其次是草场林地生态承载力,水域生态承载力比重最小。

从生态需求角度来看,甘、青、宁三省区耕地、能源的足迹所占的比重较大,其次是草场,而林地、建筑用地和水域的足迹较小,且甘肃省能源足迹所占比重比较稳定;青海省和宁夏回族自治区的能源足迹比重基本是逐年增加的,而耕地足迹逐年减小。2016年,甘、青、宁三省区能源足迹的比例均达到最大。

第三,第二产业变动是甘、青、宁三省区生态安全局面的最大冲击源。

关于甘、青、宁三省区生态需求的波动,对甘肃、青海两省来说,第二产业增长的贡献率最大,第一产业增长率次之,第三产业增长率的贡献最小;对宁夏回族自治区来说,第二产业增长的贡献度最大,第三产业增长的贡献率次之,第一产业增长的贡献率最小。为降低区域生态风险,产业结构改革步伐应加快加紧。

2.生态文明建设成效方面

本书构建并测算了甘、青、宁三省区生态文明进步指数。通过静态动态比较,得出如下结论:

第一,2011年以来,甘、青、宁三省区生态文明建设整体上取得不断进步,但是进展相对缓慢。

第二,不同省份生态文明建设既有成效又有短板。

甘肃省在社会进步和生态保育方面工作措施较为得当,效果明显;但经济发展和环境改善工作仍然是生态文明建设中的薄弱环节。

青海省生态文明建设程度较其他两省区高,主要体现在经济发展方面,但经济发展的粗放式特征对生态环境造成了一定影响,因此,青海省生态文明建设应把生态建设与经济建设结合起来。

宁夏回族自治区生态文明建设进步指数虽然较其他两省数值较低,但是从2014年到2016年呈现整体好转、局部优化的局面;分维度的生态文明建设取得了相应的进展,社会进步方面的工作进一步优化发展,生态环境总体改善。

(二)市域研究实证结论

本书以甘肃省为例,立足市域层面,结合甘肃省发展实际,构建指标体系,对其城市生态文明建设进行全方位评价,得出如下结论:

1.从发展水平与潜力看

2016年甘肃省14个市州综合生态位可划分为4个等级。第一等级城市包括嘉峪关市、张掖市和兰州市,生态位强度较高,属于生态位优越型城市;第二等级城市包括酒泉市、甘南州、定西市、庆阳市和金昌市,属于生态位过渡型城市;第三等级城市包括武威市、天水市、陇南市和白银市,这四个城市与第一等级的城市的生态位强度差距较大;第四等级城市包括平凉市和临夏州,生态位强度较小,属于生态位贫乏型城市。

2.从城市竞合关系看

从2011年到2016年,甘肃省城市生态位的空间集聚类型发生较大的变化。2016年,甘肃省城市生态位呈现全局负相关,从整体上看,相邻城市的生态位具有相异特征,生态位较高的市州和生态位较低的市州相邻;对周边城市具有辐射带动作用的仅有嘉峪关市和张掖市,说明区域内的城市发展可能存在一定的竞争关系,出现城市之间互相占用资源位的现象。

一方面,甘肃省各市州生态文明发展过程中存在明显的集聚特征,部分核心城市具有一定的辐射带动作用;另一方面,甘肃省的城市生态位竞争存在明显的层次性,不同层次城市的竞争力与压力各不相同。

3.从系统运行协调性看

甘肃省城市生态经济系统运行的协调性尚需提高,不同地域体现出各异的协调性问题。

首先,甘肃省14个市州在分维度生态位与综合生态位排名上缺乏一致性。

以2016年为例,综合生态位排名前三的是嘉峪关市、庆阳市、定西市,其中,嘉峪关市在经济发展维度、社会发展维度、基础设施维度的排名均靠前,但在生态环境维度的排名处于后列。排名靠后的临夏州和甘南州虽然在生态环境维度的排名处于前列,但其在经济发展维度、社会发展维度的排名均靠后。

其次,从2009年—2016年,甘肃省14个市州在生态位态与势两方面的发展一致性较低,波动幅度明显,发展的稳健性不足,可持续能力较低。

最后,各市州生态经济系统各子系统之间发展的协调性不足,表现为两点:一个是综合生态位较高但协调性不足或者综合生态位偏低但系统内部处于均衡发展状态;另一个是当前协调与未来可持续不一致,部分城市系统内部呈相对协调模式但运行动态不甚乐观。甘肃省14个市州在经济发展、社会发展、基础设施和生态环境四维度相互促进发展的只有白银市。

(三)生态文明意识调查结论

本书尝试构建生态文明理念测度体系,并经过论证,对兰州市区高校大学生展开生态文明意识普及度调查,得到了如下结论:

第一,兰州地区高校学生对生态文明建设的知晓度偏低。调查结果表明,目前只有近50%的学生能够充分了解生态文明建设的概念及意义。

第二,兰州地区高校学生对生态文明建设的践行能力有待加强。目前高校学生尚未养成良好的吻合生态文明观的生活与消费习惯。

第三,被调查者对生态文明建设的满意度相对较低,尤其是对城市污水处理、生活垃圾处理以及公共卫生条件等方面的满意度整体偏低。

第四,被访者普遍认为,生态文明建设最主要的影响因素为政府政策的支持以及全民素质的提升;最主要的困难是民众生态意识的薄弱、实施困难,短期内效果不明显、信心不足。

三、研究不足之处

第一,本书立足甘肃省中观层面,由于数据可得性问题,未能就甘肃省的县域或乡镇层面展开全面定量研究,因此对微观层面生态文明建设量化测度把握不足。相应地,在生态文明建设体系下系统度量城乡一体化建设、农业现代化建设、美丽乡村建设及乡村振兴等实践环节的分析缺失。这也是后续研究的一个重点课题。

第二,有关生态文明意识的统计测度尚处于尝试阶段。前期就公众生态文明意识在甘肃省展开调研及调查,结果均不理想。西部地区民众受教育水平普遍偏低,农村居民占比较大,多次调查中,问卷的信度与效度均无法得到保障,访谈结果与调查问卷的一致性较低。最终将调查对象界定为高校学生,就问卷及方法的合理性进行实证验证,结果理想。但就民众生态文明普及度的调查仍需探讨适合西部居民的研究方案。

第三,指标体系的构建是生态文明统计测度的重点与难点,本书分别就省域、市域层面构建了生态文明进程量化测度体系,但分维度指标体系的选取囿于现有数据发布体系,充分性方面尚有欠缺。特别是涉及生物资源存量的若干指标,是否还有更科学合理的替代指标,需进一步研究探讨。

第二节　思考与展望

一、对生态脆弱区生态文明建设统计测度的思考

第一,科学的测度内容既体现国家战略规划目标又围绕西部建设重点任务。西部生态脆弱区生态文明建设统计测度有重点、有难点。

以甘、青、宁三省区为代表的西部省份整体生态环境脆弱,肩负生态屏障功能,

生态安全问题始终是悬在西部各省区头上的达摩克利斯之剑。对于生态环境脆弱的西部地区,其生态安全主要指的是生态系统的安全性。西部生态脆弱区生态安全统计测度内容包含生态安全现状与特征评估、生态安全动态监控及预警体系的构建、生态安全影响因素分析、生态安全保障量化研究等方面。从生态供求角度借助生态足迹账户体系建立预警体系,动态监测地方生态系统安全性,是一个简洁有效的途径。

西部省份经济发展水平低,产业结构升级慢。当前,我国社会主要矛盾已转化为人民日益增长的美好生活需要和不平衡不充分的发展之间的矛盾,而西部地区的滞后发展也意味着全国发展的不平衡、不充分。测度生态经济子系统间的运行协调性是统计测度的重点和难点。"经济生态两手硬""绿水青山就是金山银山"的绿色发展观,需要因地制宜构建指标体系,科学测度地方绿色发展,从量的规律中寻求经济发展与生态保育之间的平衡。

"贫困"一直是西部地区的标签,"脱离贫困"也一直是西部地区的首要建设任务。生态文明也是生活方式的文明,衣食住行方方面面都是生态文明建设涵盖的领域,均体现着绿色发展观。西部生态文明建设成效的考核就包括脱贫攻坚成效、民生改善成效、环境治理成效。

培育发展西部生态城镇群是西部绿色发展的有效路径。西部城市发育明显不足,城市群发展借力有限;城市群发展的产业重叠度高,生态经济系统各子系统之间运行协调性不足,系统间竞争大于合作,施压大于互补。定量测度城市群发展的有序性问题、竞争合作问题,有益于为城市间相互借力、协同发展提供量化决策。

公民生态文明意识培育是生态文明建设的一个主要方面,只有每个公民都意识到生态文明建设的必要性和紧迫性,意识到自然资源的不可替代性,才能真正产生实践生态文明观的有效行动。生态文明建设与每一位民众息息相关,民众的全方位投入是实现生态文明建设、建设美丽中国的切实推动力。西部生态脆弱区经济发展相对落后、受教育水平整体偏低,当前民众生态文明意识尚不充分,对生态文明理念的认识不足。和东部地区比较,西部地区整体生态文明氛围不足,民众对政府举措的了解、理解尚不到位,生态保护行动的主动性有限。注重民众满意度评价的科学性、形成满意度评价长效机制,是社会主义核心价值观建设的重要任务。

第二,不同层面的测度各有侧重、相互补充,形成生态文明建设立体测度体系。

从微观到中观再到宏观,立足层面越高,统计测度指标体系的一般特征越明显,规范性越强;而测度层面越微观,则统计指标的差异性特征越鲜明,弹性越大。省域与市域相结合,对西部生态脆弱区生态文明建设进行立体监测,会使区域生态文明建设的定量把控更可靠。

省域层面的测度侧重动态评估,关注区域生态文明建设的进步程度与短板,而生态文明进步指数是一个有效的测度工具。

市域层面的测度内容更具体、更丰富,以城市生态文明建设为主要测度对象,测度内容包括生态文明建设水平、发展潜力、城市竞争的有序性及城市生态经济系统运行的协调性,可全方位,静态、动态结合立体评估城市生态文明建设进程。

第三,生态文明建设统计测度对象既有政府实体,又有广大民众,还有生态经济系统。

政府是生态文明建设的承担者,政府生态文明建设成效评估是生态文明建设评估体系的核心内容。民众作为生态文明的参与者,是被评估对象;民众作为生态文明建设的受益者,同时也是政府生态文明建设成效的评价者。生态经济系统的协调运行、人与自然的和谐共生是生态文明建设的目标,是否达成目标,离不开对生态经济系统运行进行评估。

第四,生态文明理念的普及度既是对政府的考核也是对民众的考核。

生态文明理念普及度包括生态文明理念知晓度、认同度、践行度及满意度。前三者是对民众的评估,满意度是民众对政府的评价。而具有一定生态文明理念的民众才有能力对政府生态文明建设进行满意度评价,因此,满意度同样也是对民众生态文明建设投入度的评价。

由于西部地区民众生态文明理念尚不充分、生态保护意识相对淡薄,使得生态文明建设满意度分值的信度与效度均不高,需寻求更为科学的评价体系。满意度常模量表的构建应是后续研究的重点。

第五,生态文明建设统计测度的立足点是生态经济系统。统计测度指标、统计测度方法均来自生态经济系统。

生态经济系统包含生态环境子系统与社会经济子系统,生态文明建设进程测度既要测度其生态环境存量变化,又要测度生产活动产生的价值。评价指标体系不能仅由价值量指标构成,也不能仅和实物量指标有关。用价值量测度的生物资源并不能描述生态资源的变化。

　　生态学、经济学、环境学等学科为生态文明建设统计测度方法提供理论支撑。合理度量生态环境子系统与社会经济子系统的发展水平,测度子系统之间物质、能量的流动过程,仅借助经济学或统计学理论是不够的。合理选取分析方法,是生态文明统计测度结果科学有效的保障。围绕核心测度内容,应构建生态文明统计测度规范方法体系,以增强测度结果的多方位可比性。

二、对未来研究的展望

　　(一)理论方面

　　第一,加大生态经济学统计研究体系的完善步伐。

　　一方面,研究并建立生态经济核算体系,为生态经济统计提供研究基础。

　　生态文明建设统计测度隶属生态经济统计研究领域。定量研究的基本出发点是指标及指标体系。从宏观角度出发,对生态经济系统运行的定量描述,离不开对所有基础指标变化的描述,就像传统经济学统计研究是立足于国民经济核算体系一样,若要在一个更大的尺度上研究系统的运行规律,必然要立足于一个更大的核算体系——生态经济核算体系。因此,构建生态经济统计核算体系是生态经济统计的基础工作。核算体系的构建,应以生态经济学为指导,合理导入测度人类生产活动对生态环境负效应的指标体系,在优化完善的基础上,逐步建立生态经济系统统计核算体系。

　　另一方面,加强生态经济统计研究自身理论与方法的发展,以进一步规范、完善生态经济统计分析体系。

　　由于生态经济系统的复杂性,传统经济研究理论与方法并不能适应生态经济统计研究的要求,探讨生态经济统计研究自身的理论与方法,构建生态经济统计研究体系,是重要而又有实际意义的工作。在统计学研究的一般理论与方法的基础上,应以生态经济学为基础,定量刻画生态经济系统基本理论与重要关系。生态文明建设统计测度体系的构建以及生态经济运行各环节的统计描述,均需要理论先行,建立合理科学的方法论体系,才能进一步指导实践,使生态经济统计分析在一个规范的研究体系中进行,以保证结果的科学可靠性及现实指导意义。

　　第二,充实及完善生态文明统计测度体系,使生态文明建设量化监督成为生态文明制度建设的科学分支。

本书对生态脆弱区生态文明建设统计测度的内容体系、指标体系及方法体系进行了探讨,并构建了一般测度框架。而生态文明建设作为一个系统工程,系统要素之间以各种方式形成规律各异的复杂关联。梳理并规范生态文明建设统计测度的内容体系是后续一个有意义的研究方向。相应地,测度指标体系的差异化构建、测度方法体系的规范性与效力探讨,均需要进行理论角度的解析与实证角度的验证。

第三,将生态足迹、生态承载力指标及相关衍生指标视为统计评估指标体系中的一员,加强与经济指标的综合使用,以全面度量与评价区域生态安全问题,实现其对生态文明建设的监测功能。

生态足迹理论自产生就受到褒贬不一的评价,虽然其核算方法存在漏洞,但不可否认其在度量生态环境存量变化方面的有效性及在度量区域生态安全性方面直观明确的显著优势。借助生态足迹系列指标,可横纵向比较区域生态安全状态,因此它是一个有效的生态安全预警指标,可进一步就生态足迹方法的优化、应用领域的扩展展开研究。同时,将生态足迹指标与经济指标结合构建生态经济系统指标体系,测度生态经济系统运行规律(已取得一些有效的结论)。之后,应继续就构建立足于生态经济系统的综合评价指标体系展开研究,使其既能涵盖反映生态环境实物量变化的指标,又能涵盖反映社会经济价值量变化的指标,并能结合反映人类生活质量的指标。指标之间能有机组合、互为补充,成为生态文明建设统计测度及绿色发展定量研究的有力工具。

第四,加强生态文明统计定量研究方法的拓展与应用力度,实践生态经济统计分析在区域生态经济学领域的应用。

后续研究中,应加强测度方法的理论支撑,以提高定量分析的科学性、稳健性及效力,应加强不同学科之间的交叉研究,避免研究内容的割裂与片面。生态文明建设是一个复杂的、长期的系统工程,涉及自然科学与社会科学多个领域。因此,对建设过程中出现的问题的认识也应立足于生态经济复杂系统,多学科研究相结合,相互促进、彼此印证,逐渐形成相对完善的定量评估与分析体系。

(二)实践方面

第一,改变生态承载力核算的主体。建议政府统计部门成为生态足迹与生态承载力指标的核算主体,将其作为基本核算指标,成为国家和地区生态文明评价的基础指标。

当前生态足迹中观层面的数据存在数据质量较低、样本长度不理想、缺乏横向可比性等缺点,而且,县域及以下数据严重缺失,使得微观层面的生态承载力量化研究缺乏有力的数据支撑,构建全面的研究体系有一定的难度。当前生态文明理念下的乡村振兴战略、县域经济发展战略、生态城市群建设、绿色产业发展等,均亟须对过程进行科学有效测度。不同层面生态足迹与生态承载力的测算,是生态经济统计研究需求,也是现实生态文明建设需要。建议生态足迹统计核算的主体为政府统计部门,发挥其信息充分、核算体系健全的优势。将生态足迹指标作为衡量国家和地区可持续发展评价的基础指标,定期发布。在此基础上建立并完善县域生态经济系统运行基础数据库,结合区域实际,以科学展开基于县域层面的生态文明建设定量评价。

第二,类似于生态脆弱区生态文明建设测度体系的构建,不同区域可结合自身区位特征,构建有针对性的指标体系,就专门问题或专门方面对区域生态文明建设进行测度与评价。这一方面是对国家绿色发展指数的补充,另一方面也积累了地方生态文明建设的专门信息,增强了量化决策的科学性。

中国地域经济发展差异性大,区域间的协调发展是国家生态文明建设的重要内容之一,是国家绿色发展的前提与保证。立足于不同区域,进行生态文明建设的统计测度与评价,有利于区域发展模式的构建,为国家层面的统筹规划提供定量参考依据。

第三,加强宏观、中观、微观层面研究的一致性与连贯性,从宏观把控到微观实践,均能有科学合理的量化分析方法进行适时预警与评估。

从宏观角度来说,由于可持续性的生态支撑不能割裂为若干子区域来研究,所谓全球一盘棋,地球自然生态系统内在的关联不会因为地域而断开。因此,全球范围内,就国家间的生态均衡、污染转移、贸易流向进行有效度量与监控,是区域生态文明测度的一个主要内容,也是国家"一带一路"建设的必然要求。从微观角度来说,由于生态文明建设的最基本单元是乡镇,振兴乡村经济、发展县域经济、构建乡村保障体系等均构成生态文明建设定量测度的主要内容,对微观实践环节的测度与定量分析不仅是典型研究、特色研究的必要条件,同时也是政策推广的定量依据。

第四,本书将"生态保护红线"的制定及实施力度视为生态安全的保障体系,但未就"生态保护红线"的划定方法展开研究,这是后续多学科综合研究的一个有意义方向。

第五,公民生态文明意识与理念的培育是生态文明制度建设与文化建设的重要方面。当前公民生态文明意识普及度测度与满意度评价尚未形成体系,就如何建立满意度常模量表并进行规范测度、如何度量公民生态文明建设投入度等,均是以后值得并亟须研究的课题。同样,定量研究生态文明意识影响因素、定量研究生态文明理念普及度与满意度之间的关系,也将为政府生态文明意识领域的建设提供有意义的定量依据。

参考文献

[1] 高敏雪. 环境统计与环境经济核算[M]. 北京:中国统计出版社,2000.

[2] 高更和,吴国玺. 可持续发展评估研究[M]. 北京:群言出版社,2005.

[3] 高吉喜. 可持续发展理论探索:生态承载力理论、方法与应用[M]. 北京:中国环境科学出版社,2001.

[4] 刘传祥. 可持续发展的基本理论分析[J]. 中国人口·资源与环境,1996,6(2):3-7.

[5] 宋旭光. 可持续发展测度方法的统计分析[M]. 大连:东北财经大学出版社,2003.

[6] Bohannan P. Beyond civilization [J]. Natural History Magazine,1971.

[7] Morrison R. Ecological Democracy [M]. Boston:South End Press,1995.

[8] 刘思华. 生态文明与可持续发展问题的再探讨[J]. 东南学术,2002(6):60-66.

[9] 王雨辰. 习近平生态文明思想的三个维度及其当代价值[J]. 马克思主义与现实,2019(2):7-14.

[10] 谷树忠,胡咏君,周洪. 生态文明建设的科学内涵与基本路径[J]. 资源科学,2013,35(1):2-13.

[11] 马新. 生态文明建设的制约因素与破解途径:基于"五位一体"和"四个全面"视角[J]. 辽宁工业大学学报(社会科学版),2019,21(2):1-4.

[12] 张金泉. 建立古兜山省级自然保护区的可行性研究[J]. 生态科学,2000(4):73-83.

[13] 王玉玲. 生态文明的背景、内涵及实现途径[J]. 经济与社会发展,2008(9):36-39.

[14] 张弥. 社会主义生态文明的内涵、特征及实现路径[J]. 中国特色社会主义研究,2013(2):84-87.

[15] 陈筠泉. 关于生态文明的几点思考[J]. 马克思主义与现实, 2014(1):5-7.

[16] 秦伟山, 张义丰, 袁境. 生态文明城市评价指标体系与水平测度[J]. 资源科学, 2013, 35(8):1677-1684.

[17] 蒋小平. 河南省生态文明评价指标体系的构建研究[J]. 河南农业大学学报, 2008(1):61-64.

[18] 成金华, 陈军, 易杏花. 矿区生态文明评价指标体系研究[J]. 中国人口·资源与环境, 2013, 23(2):1-10.

[19] 张欢, 成金华, 陈军, 等. 中国省域生态文明建设差异分析[J]. 中国人口·资源与环境, 2014, 24(6):22-29.

[20] 刘薇. 北京市生态文明建设评价指标体系研究[J]. 国土资源科技管理, 2014, 31(1):1-8.

[21] 朱启贵. 国内外可持续发展指标体系评论[J]. 合肥联合大学学报, 2000(1):11-23.

[22] Huber J. Towards industrial ecology: sustainable development as a concept of ecological modernization[J]. Journal of Environmental Policy & Planning, 2000, 2(4):269-285.

[23] 叶文虎, 仝川. 联合国可持续发展指标体系述评[J]. 中国人口·资源与环境, 1997(3):83-87.

[24] Barrera-Roldán A, Saldívar-Valdés A. Proposal and application of a Sustainable Development Index[J]. Ecological Indicators, 2002, 2(3):251-256.

[25] 刘国, 许模, 于静. 可持续发展评价指标体系研究评述[J]. 成都理工大学学报(社会科学版), 2007(3):29-33.

[26] 李文华, 刘某承. 关于中国生态省建设指标体系的几点意见与建议[J]. 资源科学, 2007(5):2-8.

[27] 张文辉. 基于G1赋权模型的生态城市发展管理评价[J]. 中国人口·资源与环境, 2012, 22(5):81-86.

[28] 罗守贵, 曾尊固. 可持续发展指标体系研究述评[J]. 人文地理, 1999(4):54-59.

[29] United Nations Department of Economic and Social Affairs. Work Programme

on Indicators of Sustainable Development of the Commission on Sustainable Development. Division for Sustainable Development, 1999.

[30] 王会,王奇,詹贤达. 基于文明生态化的生态文明评价指标体系研究[J]. 中国地质大学学报(社会科学版),2012,12(3):27-31+138-139.

[31] 杜宇,刘俊昌. 生态文明建设评价指标体系研究[J]. 科学管理研究,2009,27(3):60-63.

[32] 李茜,胡昊,李名升,等. 中国生态文明综合评价及环境、经济与社会协调发展研究[J]. 资源科学,2015,37(7):1444-1454.

[33] 倪珊,何佳,牛冬杰,等. 生态文明建设中不同行为主体的目标指标体系构建[J]. 环境污染与防治,2013,35(1):100-105.

[34] 田智宇,杨宏伟,戴彦德. 我国生态文明建设评价指标研究[J]. 中国能源,2013,35(11):9-13.

[35] 程进,周冯琦. 生态文明建设的法治进程:基于环境治理转型的环境公益诉讼发展[J]. 毛泽东邓小平理论研究,2016(10):29-34+91.

[36] 乔丽,白中科. 矿区生态文明评价指标体系研究[J]. 金属矿山,2009(11):113-118.

[37] Rees W, Wackernagel M. Urban ecological footprints:Why cities cannot be sustainable-And why they are a key to sustainability[J]. Environmental Impact Assessment Review,1996,16(4-6):223-248.

[38] Odum H T. Envioronmental Accounting:Energy and Envioronmental Decision Making[M]. New York:John Wiley,1996.

[39] 代稳,张美竹,秦趣,等. 基于生态足迹模型的水资源生态安全评价研究[J]. 环境科学与技术,2013,36(12):228-233.

[40] 黄晓园,侯明明. 基于生态足迹与绩效的生态文明动态评估:以云南省为例[J]. 求索,2011(10):1-4.

[41] 金丹,卞正富. 基于能值的生态足迹模型及其在资源型城市的应用[J]. 生态学报,2010,30(7):1725-1733.

[42] 杨开忠. 谁的生态最文明:中国各省区市生态文明大排名[J]. 中国经济周刊,2009(32):8-12.

[43] 蓝庆新,彭一然,冯科. 城市生态文明建设评价指标体系构建及评价方法研究:基于北上广深四城市的实证分析[J]. 财经问题研究,2013(9):98-106.

[44] 赵煜,李文龙,李自珍,等. 基于GM-ANN模型的生态足迹时间序列预测分析:以甘肃省为例[J]. 兰州大学学报(自然科学版),2012,48(3):83-89.

[45] 熊曦,张闻,尹少华,等. 生态文明建设与新型城镇化协调度测度研究:基于全国各省份的数据[J]. 生态经济,2016,32(3):185-188.

[46] 陈铁民. 论现代生态意识[J]. 福建论坛(文史哲版),1992(4):12-16.

[47] 宫长瑞. 当代中国公民生态文明意识培育研究[D]. 兰州:兰州大学,2011.

[48] 卓越,赵蕾. 加强公民生态文明意识建设的思考[J]. 马克思主义与现实,2007(3):106-111.

[49] 贺梦莹,上官铁梁. 关于不同文化程度公众对生态文明认知研究[J]. 环境与可持续发展,2009,34(4):44-46.

[50] 苏美岩. 大学生生态文明认知的调查与研究:以绍兴市高校大学生为调查对象[J]. 环境教育,2011(4):63-65.

[51] 周冯琦,陈宁. 生态经济学理论前沿[M]. 上海:上海社会科学院出版社,2016(4):153.

[52] 赵煜,申社芳,郭精军,等. 统计学原理[M]. 北京:中国统计出版社,2014.

[53] 杜栋,庞庆华,吴炎. 现代综合评价方法与案例精选[M]. 北京:清华大学出版社,2008.

[54] 中共中央马克思恩格斯列宁斯大林著作编译局. 马克思恩格斯选集:第4卷[M]. 北京:人民出版社,1995:383.

[55] 中共中央马克思恩格斯列宁斯大林著作编译局. 资本论:第1卷[M]. 北京:人民出版社,2004.

[56] 中共中央马克思恩格斯列宁斯大林著作编译局. 马克思恩格斯选集:第1卷[M]. 北京:人民出版社,1995.

[57] 卡逊. 寂静的春天[M]. 长春:吉林大学出版社,1997.

[58] 陈兴鹏,逯承鹏,杨静,等. 基于生态足迹模型的宁夏1986—2005年人地协调度演变分析[J]. 干旱区资源与环境,2011,25(10):15-20.

[59] 王晓鹏,丁生喜. 基于生态足迹的青海省社会经济可持续发展研究[J]. 中国

人口·资源与环境,2011,21(S2):40–43.

[60] 任栋,王琦,周丽晖. 关于统计指数研究的新思考[J]. 统计与决策,2012(7):8–11.

[61] 布朗. 建设一个持续发展的社会[M]. 北京:科学技术文献出版社,1984.

[62] 陈东景,徐中民. 西北内陆河流域生态安全评价研究:以黑河流域中游张掖地区为例[J]. 干旱区地理,2002(3):219–224.

[63] 李宗尧,杨桂山,董雅文. 经济快速发展地区生态安全格局的构建:以安徽沿江地区为例[J]. 自然资源学报,2007(1):106–113.

[64] 蒋莉莉,陈克龙,吴成永. 生态红线划定研究综述[J]. 青海草业,2019,28(1):24–29.

[65] Leverington F,Costa K L,Pavese H,et al. A global analysis of protected area management effectiveness[J]. Environmental Management,2010,46(5):685–698.

[66] 冯宇. 呼伦贝尔草原生态红线区划定的方法研究[D]. 北京:中国环境科学研究院,2013.

[67] 林勇,樊景凤,温泉,等. 生态红线划分的理论和技术[J]. 生态学报,2016,36(5):1244–1252.

[68] 饶胜,张强,牟雪洁. 划定生态红线 创新生态系统管理[J]. 环境经济,2012(6):57–60.

[69] 范丽媛. 山东省生态红线划分及生态空间管控研究[D]. 济南:山东师范大学,2015.

[70] 张媛,王靖飞,吴亦红. 生态功能区划与主体功能区划关系探讨[J]. 河北科技大学学报,2009,30(1):79–82.

[71] 吴玲倩,陈穗穗,赵煜. 生态供求视角下宁夏生态安全现状与驱动因素分析[J]. 环境与发展,2019,31(3):1–3+6.

[72] 龙爱华,张志强,苏志勇. 生态足迹评介及国际研究前沿[J]. 地球科学进展,2004(6):971–981.

[73] 胡永红,吴志峰,李定强,等. 基于ARIMA模型的区域水生态足迹时间序列分析[J]. 生态环境,2006(1):94–98.

[74] 金丹,卞正富. 基于能值的生态足迹模型及其在资源型城市的应用[J]. 生态

学报,2010,30(7):1725-1733.

[75] 徐中民,张志强,程国栋. 甘肃省1998年生态足迹计算与分析[J]. 地理学报,2000(5):607-616.

[76] 钟世名. 基于能值—生态足迹理论的生态经济系统评价[D]. 长春:吉林大学,2013.

[77] 刘某承,李文华. 基于净初级生产力的中国生态足迹均衡因子测算[J]. 自然资源学报,2009,24(9):1550-1559.

[78] Grinnell J. The Niche-relationships of the Galifornia Thrasher[J]. The Auk,1917,34(4):427-433.

[79] Grinnell J. Geography and Evolution[J]. Ecology,1924,5:225-229.

[80] Elton C S. Animal Ecology[M]. London:Sidgwick and Jackson,1927.

[81] 赵维良,商华. 城市资源竞争强度测量研究:城市生态位参数的引入[J]. 工业技术经济,2010,29(4):66-70.

[82] 朱春全. 生态位态势理论与扩充假说[J]. 生态学报,1997(3):324-332.

[83] 沈冰洁,尤莉莉,田向阳,等. 我国健康农村(县)综合评价指标体系构建研究[J]. 中国健康教育,2019,35(3):203-207.

[84] 刘松林,王晓娟,王赛. 经济新常态下商业银行风险预警指标体系构建[J]. 统计与决策,2018,34(23):160-163.

[85] 方创琳,鲍超,乔标. 城镇化过程与生态环境效应[M]. 北京:科学出版社,2008.

[86] 张成思. 金融计量学:时间序列分析视角[M]. 大连:东北财经大学出版社,2008.

[87] 尹希果. 计量经济学原理与操作[M]. 重庆:重庆大学出版社,2009.

[88] 庞皓. 计量经济学[M]. 2版.北京:科学出版社,2010.

[89] 马勇,童昀. 基于生态位理论的长江中游城市群旅游业发展格局判识及空间体系建构[J]. 长江流域资源与环境,2018,27(6):1231-1241.

[90] 朱春全. 生态位理论及其在森林生态学研究中的应用[J]. 生态学杂志,1993(4):41-46.

[91] 赵维良. 城市生态位评价及应用研究[D]. 大连:大连理工大学,2008.

[92] Anselin L. Spatial econometrics[C]//. Baltagi B（ed. ）. Companion to Econometrics. Oxford：Basil Blackwell，2000.

[93] Cliff A，Ord J. Spatial Autocorrelation[M]. London：Pion，1973.

[94] Cliff A，Ord J. Spatial Processes：Models and Applications[M]. London：Pion，1981.

[95] Anselin L. Local indicators of spatial association-LISA[J]. Geographical Analysis，1995，27（2）：93-115.

[96] 赵维良，张谦. 生态位原理在城市竞争中的应用[J]. 四川经济管理学院学报，2010，21（2）：54-56.

[97] 赵维良，商华. 城市资源竞争强度测量研究：城市生态位参数的引入[J]. 工业技术经济，2010，29（4）：66-70.

[98] May R M. On the theory of niche overlap[J]. Theoretical Population Biology，1974.5（1）：297-332.

[99] 艾南山，朱治军，李后强. 外营力地貌作用随机特性和分形布朗地貌的稳定性[J]. 地理研究，1998（1）：24-31.

[100] 李国柱，牛叔文，杨振，等. 陇中黄土丘陵地区农村生活能源消费的环境经济成本分析[J]. 自然资源学报，2008（1）：15-24.

[101] 欧阳志云，王效科，苗鸿. 中国生态环境敏感性及其区域差异规律研究[J]. 生态学报，2000（1）：10-13.

[102] 史德明，梁音. 我国脆弱生态环境的评估与保护[J]. 水土保持学报，2002（1）：6-10.

[103] 王英，郑敏，杨鸿海. 青海省自然生态状况评价[J]. 青海国土经略，2018（4）：67-71.

[104] 管珍. 三河源区土地利用/土地覆被变化分析及其驱动机制研究[D]. 西宁：青海师范大学，2011.

[105] 丁生喜，张宏岩，王晓鹏. 青海省社会经济发展状况分析[J]. 经济地理，2005（4）：495-498.

[106] 胡志强. 青海省人口分布与社会经济协调性研究[D]. 西宁：青海师范大学，2017.

[107] 陆宏芳,任海,王昌伟,等.产业生态学研究方法[J].中山大学学报(自然科学版),2005(S2):233-239.

[108] 李文庆.宁夏生态文明建设路径研究[J].宁夏社会科学,2017(S1):139-143.

[109] 吴海鹰,陶源,马学恕.宁夏经济社会形势分析与预测[M].银川:宁夏人民出版社,2008.

[110] 沈莉娟,曹玉英,宋智,等.宁夏生态环境问题现状及其控制对策[J].绿色科技,2012(7):193-194.

[111] 陈晓雨婧,夏建新.甘肃省生态安全评价及其驱动力分析[J].西北民族大学学报(哲学社会科学版),2017(6):140-147.

[112] 王晓鹏,丁生喜.基于生态足迹的青海省社会经济可持续发展研究[J].中国人口·资源与环境,2011,21(S2):40-43.

[113] 刘义军,卢武强,李荣.湖北省生态足迹计算与分析[J].华中师范大学学报(自然科学版),2004(2):259-262.

[114] 税伟,付银,林咏园,等.基于生态系统服务的城市生态安全评估、制图与模拟[J].福州大学学报(自然科学版),2019,47(2):143-152.

[115] 张占强,杨雪霞.宁夏罗山国家级自然保护区生态建设与发展对策[J].安徽农学通报,2014,20(14):81-82+85.

[116] 吴慧玲,齐晓安,张玉琳.我国区域生态文明发展水平的测度及差异分析[J].税务与经济,2016(3):36-41.

[117] 李娜,高晓清,杨发奎,等.主体功能区划背景下的宁夏生态文明建设[J].中国沙漠,2019,39(1):12-17.

[118] 孙剑锋,秦伟山,孙海燕,等.中国沿海城市海洋生态文明建设评价体系与水平测度[J].经济地理,2018,38(8):19-28.

[119] 谢强,韩君.甘肃省生态环境与经济发展耦合评价研究[J].兰州大学学报(社会科学版),2018,46(4):90-96.

[120] 杜飞.基于生态位理论的甘肃省城市竞争力分析[D].兰州:兰州财经大学,2018.

[121] 陈绍愿,林建平,杨丽娟,等,基于生态位理论的城市竞争策略研究[J].人文

地理,2006(2):72-76+11.

[122] 陈桐,路世昌. 基于生态位的城市物流竞争力研究:以环渤海经济圈为例[J]. 资源开发与市场,2015,31(7):796-799.

[123] 谢煜. 林业生态与产业共生协调度评价模型及其应用研究[D]. 南京:南京林业大学,2010.

[124] 邱皓政. 量化研究与统计分析:SPSS数据分析范例解析[M]. 重庆:重庆大学出版社,2013.

[125] 吴明隆. 问卷统计分析实务:SPSS操作与应用[M]. 重庆:重庆大学出版社,2010.

[126] 侯杰泰,温忠麟,成子娟. 结构方程模型及其应用[M]. 北京:教育科学出版社,2004(7).

[127] 易丹辉. 结构方程模型:方法与应用[M]. 北京:中国人民大学出版社,2008.

[128] 王亚楠,王晓凤. 基于满意度指数的高校教学评价研究[J]. 河北广播电视大学学报,2014,19(2):70-72.

[129] 吴明隆. 结构方程模型-AMOS实务进阶[M]. 重庆:重庆大学出版社,2013.

附　表

附表1　2016年我国各省市绿色指数排序表

地　区	绿色发展指数	分维度发展指数						公众满意程度/%
		资源利用指数	环境治理指数	环境质量指数	生态保护指数	增长质量指数	绿色生活指数	
北　京	83.71	82.92	98.36	78.75	70.86	93.91	83.15	67.82
天　津	76.54	84.4	83.1	67.13	64.81	81.96	75.02	70.58
河　北	78.69	83.34	87.49	77.31	72.48	70.45	70.28	62.5
山　西	76.78	78.87	80.55	77.51	70.66	71.18	78.34	73.16
内蒙古	77.9	79.99	78.79	84.6	72.35	70.87	72.52	77.53
辽　宁	76.58	76.69	81.11	85.01	71.46	68.37	67.79	70.96
吉　林	79.6	86.13	76.1	85.05	73.44	71.2	73.05	79.03
黑龙江	78.2	81.3	74.43	86.51	73.21	72.04	72.79	74.25
上　海	81.83	84.98	86.87	81.28	66.22	93.2	80.52	76.51
江　苏	80.41	86.89	81.64	84.04	62.84	82.1	79.71	80.31
浙　江	82.61	85.87	84.84	87.23	72.19	82.33	77.48	83.78
安　徽	79.02	83.19	81.13	84.25	70.46	76.03	69.29	78.09
福　建	83.58	90.32	80.12	92.84	74.78	74.55	73.65	87.14
江　西	79.28	82.95	74.51	88.09	74.61	72.93	72.43	81.96
山　东	79.11	82.66	84.36	82.35	68.23	75.68	74.47	81.14
河　南	78.1	83.87	80.83	79.6	69.34	72.18	73.22	74.17
湖　北	80.71	86.07	82.28	86.86	71.97	73.48	70.73	78.22
湖　南	80.48	83.7	80.84	88.27	73.33	77.38	69.1	85.91
广　东	79.57	84.72	77.38	86.38	67.23	79.38	75.19	75.44
广　西	79.58	85.25	73.73	91.9	72.94	68.31	69.36	81.79
海　南	80.85	84.07	76.94	94.95	72.45	72.24	71.71	87.16
重　庆	81.67	84.49	79.95	89.31	77.68	78.49	70.05	86.25
四　川	79.4	84.4	75.87	86.25	75.48	72.97	68.92	85.62
贵　州	79.15	80.64	77.1	90.96	74.57	71.67	69.05	87.82
云　南	80.28	85.32	74.43	91.64	75.79	70.45	68.74	81.81
西　藏	75.36	75.43	62.91	94.39	75.22	70.08	63.16	88.14
陕　西	77.94	82.84	78.69	82.41	69.95	74.41	69.5	79.18
甘　肃	79.22	85.74	75.38	90.27	68.83	70.65	69.29	82.18
青　海	76.9	82.32	67.9	91.42	70.65	68.23	65.18	85.92
宁　夏	76	83.37	74.09	79.48	66.13	70.91	71.43	82.61
新　疆	75.2	80.27	68.85	80.34	73.27	67.71	70.63	81.99

附表2 分地区绿色发展指数

地　区	绿色发展指数	分维度发展指数						公众满意程度/%
		资源利用指数	环境治理指数	环境质量指数	生态保护指数	增长质量指数	绿色生活指数	
东部	80.10	84.18	82.52	83.76	70.02	78.26	74.99	76.66
中部	79.06	83.11	80.02	84.10	71.73	73.86	72.19	78.59
西部	78.22	82.51	73.97	87.75	72.74	71.23	68.99	83.40
甘、青、宁三省区	77.37	83.81	72.46	87.06	68.54	69.93	68.63	83.57

附表3 1978—2016年甘肃省人均生态足迹表

时　间	人均生态足迹	时　间	人均生态足迹	时　间	人均生态足迹
1978	0.794	1991	1.073	2004	1.681
1979	0.758	1992	1.115	2005	1.808
1980	0.777	1993	1.193	2006	1.904
1981	0.732	1994	1.175	2007	1.998
1982	0.739	1995	1.179	2008	2.079
1983	0.783	1996	1.327	2009	2.149
1984	0.798	1997	1.235	2010	2.302
1985	0.860	1998	1.287	2011	2.553
1986	0.925	1999	1.244	2012	2.666
1987	0.954	2000	1.294	2013	2.752
1988	1.008	2001	1.343	2014	2.819
1989	1.015	2002	1.420	2015	2.801
1990	1.036	2003	1.538	2016	2.851

附表4 1978—2016年甘肃省人均生态承载力表

时　间	人均生态承载力	时间	人均生态承载力	时　间	人均生态承载力
1978	1.234	1991	1.009	2004	1.014
1979	1.218	1992	0.997	2005	1.017
1980	1.203	1993	0.990	2006	1.019
1981	1.188	1994	0.974	2007	1.128
1982	1.168	1995	1.065	2008	1.128
1983	1.154	1996	1.053	2009	1.226
1984	1.139	1997	1.042	2010	1.224
1985	1.124	1998	1.031	2011	1.223
1986	1.106	1999	1.022	2012	1.219
1987	1.090	2000	1.033	2013	1.219
1988	1.073	2001	1.029	2014	1.218
1989	1.055	2002	1.014	2015	1.215
1990	1.037	2003	1.010	2016	1.213

附表5　1978—2016年青海省人均生态足迹表

时间	人均生态足迹	时间	人均生态足迹	时间	人均生态足迹
1978	1.004	1991	1.215	2004	1.710
1979	0.996	1992	1.170	2005	1.979
1980	1.027	1993	1.144	2006	2.095
1981	1.020	1994	1.203	2007	2.292
1982	1.022	1995	1.442	2008	2.380
1983	1.045	1996	1.407	2009	2.425
1984	1.070	1997	1.455	2010	2.448
1985	1.122	1998	1.449	2011	2.705
1986	1.129	1999	1.517	2012	3.030
1987	1.008	2000	1.418	2013	3.234
1988	1.276	2001	1.570	2014	3.080
1989	1.315	2002	1.560	2015	2.876
1990	1.390	2003	1.646	2016	3.153

附表6　1978—2016年青海省人均生态承载力表

时间	人均生态承载力	时间	人均生态承载力	时间	人均生态承载力
1978	2.050	1991	1.626	2004	1.770
1979	1.984	1992	1.603	2005	1.769
1980	1.967	1993	1.585	2006	1.757
1981	1.940	1994	1.564	2007	1.723
1982	1.883	1995	1.553	2008	1.718
1983	1.877	1996	1.530	2009	1.902
1984	1.831	1997	1.508	2010	1.886
1985	1.799	1998	1.499	2011	1.875
1986	1.738	1999	1.484	2012	1.865
1987	1.712	2000	1.565	2013	1.862
1988	1.691	2001	1.532	2014	1.842
1989	1.671	2002	1.574	2015	1.833
1990	1.649	2003	1.531	2016	1.824

附表7　1978—2016年宁夏回族自治区人均生态足迹表

时间	人均生态足迹	时间	人均生态足迹	时间	人均生态足迹
1978	0.800	1991	1.390	2004	3.548
1979	0.766	1992	1.290	2005	3.888
1980	0.925	1993	1.320	2006	4.159
1981	0.851	1994	1.536	2007	4.504
1982	0.927	1995	1.802	2008	4.882
1983	0.989	1996	1.928	2009	5.241
1984	1.061	1997	1.952	2010	5.949
1985	1.087	1998	1.997	2011	7.445
1986	1.189	1999	2.003	2012	7.791
1987	1.184	2000	1.944	2013	8.171
1988	1.239	2001	2.342	2014	8.354
1989	1.297	2002	2.168	2015	8.518
1990	1.353	2003	3.590	2016	8.447

附表8 1978—2016年宁夏回族自治区人均生态承载力表

时 间	人均生态承载力	时 间	人均生态承载力	时 间	人均生态承载力
1978	1.494	1991	1.811	2004	1.059
1979	1.462	1992	1.780	2005	1.047
1980	1.427	1993	1.749	2006	1.035
1981	1.364	1994	1.704	2007	1.007
1982	1.305	1995	1.681	2008	0.998
1983	1.259	1996	1.653	2009	1.150
1984	1.210	1997	1.629	2010	1.141
1985	1.187	1998	1.606	2011	1.134
1986	1.155	1999	1.586	2012	1.125
1987	1.127	2000	1.191	2013	1.111
1988	1.105	2001	1.175	2014	1.111
1989	1.082	2002	1.131	2015	1.106
1990	1.054	2003	1.061	2016	1.098

附表9 2011年甘肃省14个市州生态位排序表

市 州	经济发展生态位			社会发展生态位			基础设施生态位			生态环境生态位			综合生态位	排名
	态	势	排名	态	势	排名	态	势	排名	态	势	排名		
兰州市	8.965	1.745	6	8.567	0.212	5	5.818	0.015	5	7.944	−0.590	11	0.064	7
嘉峪关	10.095	1.568	2	9.220	0.773	4	11.850	−0.144	1	6.310	−1.566	14	0.096	5
金昌市	7.761	1.481	5	7.808	0.319	6	6.122	−0.286	4	7.555	−1.666	12	0.058	8
白银市	5.613	3.146	4	7.510	0.592	12	3.746	0.346	6	6.459	−2.237	13	0.047	12
天水市	4.848	1.422	13	7.236	0.901	9	3.105	−0.177	11	10.028	−1.172	8	0.038	14
武威市	5.005	1.957	12	7.382	0.975	11	2.947	−0.693	13	7.497	0.626	3	0.051	10
张掖市	5.736	2.657	8	7.996	1.416	3	4.225	−0.218	10	7.855	−1.193	10	0.053	9
平凉市	4.946	1.941	9	7.423	0.718	13	3.422	0.315	8	8.273	10.778	1	0.137	1
酒泉市	8.103	1.567	7	8.098	0.413	7	5.034	−0.508	7	7.186	6.129	2	0.103	3
庆阳市	5.497	4.608	1	7.684	2.185	2	3.294	0.890	9	10.999	1.118	4	0.100	4
定西市	4.488	2.049	11	6.887	1.389	10	2.551	3.929	2	9.168	0.009	7	0.065	6
陇南市	4.277	1.448	14	7.260	0.691	14	1.380	0.355	12	11.204	0.445	5	0.039	13
临夏州	4.095	4.005	3	6.772	3.263	1	1.984	3.105	3	8.927	−1.695	9	0.104	2
甘南州	5.089	2.248	10	7.535	1.135	8	2.560	−0.968	14	11.072	0.788	6	0.047	11

附表10　　　　2012年甘肃省14个市州生态位排序表

市州	经济发展生态位			社会发展生态位			基础设施生态位			生态环境生态位			综合生态位	排名
	态	势	排名	态	势	排名	态	势	排名	态	势	排名		
兰州市	8.865	1.430	4	9.162	1.077	3	5.915	1.038	2	8.305	1.299	8	0.095	4
嘉峪关	9.885	1.674	1	9.532	1.453	4	11.651	0.603	1	6.441	−0.075	14	0.133	1
金昌市	7.890	1.854	3	8.422	1.004	1	5.822	0.049	3	7.140	0.166	9	0.106	3
白银市	5.580	1.729	8	7.740	1.312	6	3.845	0.914	4	7.814	38.825	13	0.058	9
天水市	4.953	1.838	7	7.417	0.977	7	3.035	−0.017	14	10.501	0.608	6	0.063	8
武威市	5.222	1.889	10	7.324	0.200	12	2.823	0.174	11	7.342	4.299	10	0.046	12
张掖市	5.764	2.165	6	7.791	0.271	9	4.244	0.069	8	8.053	0.742	11	0.053	10
平凉市	5.039	0.502	14	7.328	0.518	11	3.537	0.915	6	8.985	−0.049	12	0.036	14
酒泉市	8.396	2.864	2	8.785	1.794	2	4.802	−0.061	7	7.303	1.836	2	0.108	2
庆阳市	5.484	2.149	5	7.556	0.395	10	3.440	0.650	10	11.983	0.601	3	0.074	6
定西市	4.547	1.129	11	7.484	5.376	5	2.682	1.041	9	10.301	3.254	4	0.065	7
陇南市	4.356	1.859	9	6.971	0.668	8	1.580	0.962	13	9.663	0.018	1	0.074	5
临夏州	4.162	1.265	13	7.160	0.945	13	2.270	2.132	12	9.730	0.971	7	0.040	13
甘南州	5.178	1.064	12	7.915	1.360	14	2.560	1.091	5	10.285	−0.806	5	0.050	11

附表11　2013年甘肃省14个市州生态位排序表

市　州	经济发展生态位			社会发展生态位			基础设施生态位			生态环境生态位			综合生态位	排名
	态	势	排名	态	势	排名	态	势	排名	态	势	排名		
兰州市	9.143	1.093	5	9.186	0.183	2	6.396	3.271	3	8.309	−0.219	13	0.092	4
嘉峪关	9.656	0.696	2	9.426	−0.197	9	11.716	0.789	1	6.502	2.355	7	0.112	2
金昌市	8.143	1.091	3	8.623	0.351	3	6.293	3.811	2	7.557	0.853	9	0.112	1
白银市	5.585	0.807	9	8.447	1.990	4	3.956	0.566	7	8.244	0.016	11	0.054	10
天水市	5.125	1.008	12	7.738	0.660	11	3.081	0.305	10	10.743	−0.385	3	0.061	9
武威市	5.551	4.768	1	7.675	1.840	1	2.859	0.361	9	8.434	5.147	12	0.101	3
张掖市	6.120	2.326	4	8.044	0.107	8	4.207	1.054	4	8.352	−0.053	10	0.065	7
平凉市	5.032	0.557	13	7.808	0.611	13	3.595	0.391	8	9.262	0.914	8	0.036	14
酒泉市	8.613	1.015	6	7.787	−0.997	12	4.812	0.694	5	7.574	0.123	14	0.048	12
庆阳市	5.820	1.486	8	8.130	0.950	7	3.415	0.260	11	12.117	0.462	1	0.089	5
定西市	4.565	1.979	7	7.749	0.955	6	2.763	0.397	12	10.297	0.105	5	0.064	8
陇南市	4.646	0.591	14	6.804	0.194	14	1.651	0.495	14	10.284	1.269	4	0.039	13
临夏州	4.385	1.367	10	7.540	1.281	5	2.311	1.037	6	10.068	1.154	2	0.076	6
甘南州	5.192	1.172	11	8.278	0.734	10	2.527	0.131	13	11.245	0.592	6	0.052	12

附表12　2014年甘肃省14个市州生态位排序表

市　州	经济发展生态位			社会发展生态位			基础设施生态位			生态环境生态位			综合生态位	排名
	态	势	排名	态	势	排名	态	势	排名	态	势	排名		
兰州市	9.152	0.092	3	9.109	-0.124	3	7.308	11.491	1	8.555	-0.368	10	0.131	1
嘉峪关	9.666	0.334	2	10.206	1.054	1	11.082	0.496	2	6.296	-0.975	13	0.101	3
金昌市	8.240	0.382	1	8.851	0.191	2	6.109	0.436	5	7.360	1.067	7	0.106	2
白银市	5.308	-0.303	7	8.174	-0.316	14	4.042	1.055	7	8.210	0.025	9	0.046	10
天水市	5.072	0.167	11	7.757	-0.138	6	3.080	0.439	13	10.585	1.781	2	0.086	6
武威市	5.407	0.031	9	7.994	0.368	5	3.012	1.192	11	8.444	1.330	4	0.071	8
张掖市	5.973	0.231	6	8.071	-0.172	9	4.437	3.030	4	8.697	-0.926	12	0.045	11
平凉市	4.974	-0.185	12	7.525	0.229	10	3.578	0.786	9	9.254	-0.741	11	0.025	14
酒泉市	8.180	-0.437	5	8.057	0.169	7	4.778	0.533	8	7.965	-1.123	14	0.032	13
庆阳市	5.631	-0.151	8	7.858	0.019	4	3.417	0.461	12	12.092	1.043	1	0.096	4
定西市	4.639	-0.124	14	8.172	0.482	8	2.626	0.348	14	10.609	-0.468	8	0.038	12
陇南市	4.745	1.232	4	6.812	-0.250	13	2.054	6.283	3	10.435	-0.465	5	0.090	5
临夏州	4.656	0.249	13	7.593	0.043	11	2.440	2.692	6	10.802	-0.545	6	0.060	9
甘南州	5.163	0.143	10	8.404	-0.054	11	2.574	1.292	10	12.110	1.646	3	0.073	7

附表13　2015年甘肃省14个市州生态位排序表

市州	经济发展生态位			社会保障生态位			基础设施生态位			生态环境生态位			综合生态位	排名
	态	势	排名	态	势	排名	态	势	排名	态	势	排名		
兰州市	9.572	1.009	4	9.335	0.612	1	6.707	0.341	5	8.763	-0.470	12	0.082	5
嘉峪关	9.647	0.827	2	10.328	0.429	2	11.717	0.782	1	6.482	2.705	4	0.147	1
金昌市	8.272	0.976	1	8.475	-0.266	6	6.186	0.464	4	7.497	-0.412	13	0.092	3
白银市	5.479	0.786	8	8.075	0.033	12	4.134	0.929	7	8.442	0.094	11	0.037	13
天水市	5.175	0.634	11	7.698	0.086	9	3.346	1.026	11	11.113	-1.160	8	0.041	12
武威市	5.635	1.676	5	8.209	0.923	5	3.223	1.428	9	8.952	-0.839	14	0.051	9
张掖市	6.218	1.729	3	8.518	1.782	3	4.389	0.510	8	8.728	1.560	3	0.114	2
平凉市	5.095	0.735	12	7.708	0.717	14	3.673	0.914	12	9.388	0.355	10	0.031	14
酒泉市	8.263	0.660	6	8.043	0.312	10	4.839	3.024	3	8.514	0.258	9	0.069	8
庆阳市	5.581	0.874	7	7.994	0.662	7	3.518	0.807	13	12.120	0.054	2	0.082	6
定西市	4.699	0.535	14	7.987	0.148	13	2.895	1.772	10	10.690	0.424	6	0.042	11
陇南市	4.895	0.901	10	7.021	3.780	4	2.128	5.141	2	10.362	-0.907	7	0.091	4
临夏州	4.670	1.036	9	7.691	0.663	8	2.631	1.932	6	10.433	1.688	1	0.077	7
甘南州	5.163	0.490	13	8.126	-0.138	11	2.411	-0.009	14	12.114	-0.630	5	0.043	10

附表14　甘肃省城镇社会保障维度重叠矩阵

市　州	兰州	嘉峪关	金昌	白银	天水	武威	张掖	平凉	酒泉	庆阳	定西	陇南	临夏	甘南
兰州	1.000	0.803	1.049	0.978	1.017	1.020	0.974	1.023	1.017	1.020	0.942	1.033	0.982	0.865
嘉峪关	1.043	1.000	1.210	1.085	1.000	1.085	1.186	1.153	1.225	1.091	1.051	1.095	1.014	0.981
金昌	0.880	0.781	1.000	0.942	0.911	0.942	0.959	0.981	1.010	0.957	0.899	0.979	0.911	0.864
白银	0.801	0.684	0.920	1.000	0.982	0.984	0.936	1.044	0.981	1.019	0.982	1.078	0.985	0.928
天水	0.772	0.585	0.825	0.911	1.000	0.967	0.811	0.933	0.850	0.978	0.913	1.003	0.953	0.830
武威	0.801	0.656	0.882	0.943	1.000	1.000	0.890	0.979	0.920	1.005	0.954	1.023	0.965	0.862
张掖	0.811	0.761	0.952	0.953	0.890	0.945	1.000	1.032	1.010	0.965	0.952	1.001	0.932	0.883
平凉	0.738	0.641	0.844	0.920	0.887	0.900	0.894	1.000	0.912	0.935	0.921	0.999	0.907	0.843
酒泉	0.793	0.735	0.939	0.934	0.873	0.914	0.946	0.985	1.000	0.942	0.899	0.988	0.903	0.880
庆阳	0.777	0.640	0.869	0.948	0.981	0.975	0.882	0.986	0.919	1.000	0.947	1.035	0.968	0.883
定西	0.763	0.655	0.868	0.971	0.974	0.985	0.926	1.033	0.933	1.008	1.000	1.053	0.966	0.882
陇南	0.702	0.573	0.793	0.895	0.899	0.886	0.817	0.941	0.861	0.924	0.884	1.000	0.906	0.842
临夏	0.744	0.591	0.823	0.911	0.951	0.931	0.847	0.952	0.877	0.962	0.904	1.009	1.000	0.878
甘南州	0.770	0.672	0.917	1.008	0.973	0.977	0.943	1.040	1.004	1.032	0.969	1.102	1.031	1.000

附表15 甘肃省城镇基础设施维度重叠矩阵

市 州	兰州	嘉峪关	金昌	白银	天水	武威	张掖	平凉	酒泉	庆阳	定西	陇南	临夏	甘南
兰州	1.000	0.589	1.067	1.180	1.093	1.282	1.012	1.123	1.080	1.136	1.241	1.286	1.475	1.479
嘉峪关	1.260	1.000	1.521	1.462	1.311	1.523	1.358	1.390	1.369	1.309	1.422	1.400	1.715	1.648
金昌	0.788	0.525	1.000	1.101	1.062	1.175	0.965	1.081	0.985	1.040	1.171	1.135	1.352	1.275
白银	0.616	0.356	0.778	1.000	1.013	1.093	0.871	1.005	0.883	0.988	1.138	1.124	1.250	1.231
天水	0.539	0.302	0.710	0.958	1.000	1.046	0.837	0.982	0.842	0.957	1.110	1.071	1.192	1.165
武威	0.548	0.304	0.681	0.897	0.907	1.000	0.775	0.901	0.794	0.897	1.044	1.070	1.163	1.167
张掖	0.667	0.418	0.862	1.101	1.118	1.194	1.000	1.106	0.982	1.078	1.246	1.229	1.344	1.361
平凉	0.570	0.329	0.743	0.977	1.010	1.068	0.851	1.000	0.863	0.971	1.126	1.094	1.223	1.194
酒泉	0.708	0.420	0.876	1.110	1.120	1.217	0.978	1.116	1.000	1.100	1.257	1.256	1.378	1.403
庆阳	0.596	0.321	0.739	0.993	1.018	1.100	0.858	1.004	0.879	1.000	1.153	1.156	1.259	1.263
定西	0.478	0.256	0.611	0.840	0.867	0.940	0.728	0.855	0.738	0.847	1.000	1.018	1.106	1.099
陇南	0.440	0.224	0.526	0.738	0.744	0.856	0.638	0.738	0.655	0.754	0.905	1.000	1.033	1.084
临夏	0.435	0.236	0.540	0.706	0.713	0.801	0.601	0.711	0.619	0.707	0.846	0.890	1.000	0.952
甘南州	0.420	0.219	0.491	0.671	0.672	0.775	0.587	0.669	0.608	0.685	0.811	0.901	0.918	1.000

附表16 甘肃省城镇生态环境维度重叠矩阵

市　州	兰州	嘉峪关	金昌	白银	天水	武威	张掖	平凉	酒泉	庆阳	定西	陇南	临夏	甘南
兰州	1.000	1.039	0.958	0.966	0.799	0.845	0.865	0.836	0.879	0.735	0.802	0.720	0.817	0.641
嘉峪关	0.791	1.000	0.847	0.800	0.634	0.701	0.694	0.687	0.739	0.576	0.672	0.608	0.666	0.488
金昌	0.841	0.977	1.000	0.875	0.668	0.722	0.793	0.740	0.837	0.587	0.679	0.673	0.687	0.533
白银	0.968	1.054	0.999	1.000	0.802	0.853	0.882	0.854	0.923	0.733	0.836	0.772	0.821	0.651
天水	1.030	1.074	0.982	1.032	1.000	0.975	0.931	0.949	0.934	0.899	0.952	0.919	0.980	0.846
武威	1.006	1.097	0.979	1.013	0.900	1.000	0.915	0.871	0.992	0.870	0.889	0.799	0.918	0.752
张掖	1.065	1.124	1.113	1.084	0.889	0.947	1.000	0.945	1.041	0.813	0.901	0.832	0.908	0.723
平凉	1.080	1.167	1.090	1.101	0.951	0.946	0.991	1.000	0.991	0.834	0.969	0.908	0.961	0.769
酒泉	0.933	1.030	1.012	0.977	0.769	0.884	0.897	0.814	1.000	0.742	0.795	0.724	0.787	0.633
庆阳	1.097	1.129	0.998	1.091	1.041	1.091	0.985	0.964	1.044	1.000	0.999	0.913	1.027	0.892
定西	1.042	1.148	1.006	1.085	0.960	0.972	0.951	0.975	0.974	0.870	1.000	0.908	0.975	0.790
陇南	0.998	1.107	1.063	1.068	0.988	0.930	0.936	0.975	0.946	0.847	0.968	1.000	0.956	0.838
临夏	1.058	1.133	1.013	1.060	0.983	0.998	0.954	0.963	0.959	0.890	0.971	0.892	1.000	0.813
甘南州	1.113	1.115	1.054	1.128	1.139	1.098	1.020	1.034	1.036	1.038	1.055	1.050	1.091	1.000

附表17

大学生生态文明知行情况调查问卷

亲爱的同学：

　　为了解当代大学生对生态文明建设工作的知晓度与认可度,作为研究参考之用。希望您能够于百忙之中抽出一点点时间,帮助我们完成这份问卷,衷心感谢您的参与与支持。

一、基本情况

　　1.您的性别(　　　　)

　　A.男　　B.女

　　2.您的年级(　　　　)

　　A.一年级　　B.二年级　　　C.三年级　　　D.四年级　　E研究生

　　3.学校：＿＿＿＿＿＿＿＿＿＿＿

　　生源地：＿＿＿省　　户口性质(城镇＿＿＿农村＿＿＿)

二、生态文明建设的知晓度及践行度

　　4.您对生态文明建设的了解程度(　　　　)

　　A.能够准确把握　　　　　　　B.了解基本概念

　　C.有模糊认识　　　　　　　　D.不了解

　　5.您一般通过哪些途径获得生态文明建设知识(多选)(　　　　)

　　A.报纸、杂志　　　　　　　　B.电视、广播

　　C.网络　　　　　　　　　　　D.学校宣传及教育活动

　　E政府部门的宣传

　　6.您对环境法律法规的了解程度(　　　　)

　　A.能够准确把握　　　　　　　B.了解基本概念

　　C.有模糊认识　　　　　　　　D.完全不了解

7.您对清洁能源的了解程度（　　　）

　　A.能够准确把握　　　　　　　B.了解基本概念

　　C.有模糊认识　　　　　　　　D.不了解

8.您对生态农业的了解程度（　　　）

　　A.能够准确把握　　　　　　　B.了解基本概念

　　C.有模糊认识　　　　　　　　D.不了解

9.您认为生态文明建设主要是在哪几个方面进行(多选)（　　　）

　　A.制度与保障机制完善　　　　B.环境质量改善

　　C.生态系统保护　　　　　　　D.环境风险防控

　　E空格局优化　　　　　　　　F资源节约与利用

　　G产业循环发展　　　　　　　H人居环境改善

　　I生活方式绿色化　　　　　　J观念意识普及

10.您认为以下哪些因素在生态文明建设过程中比较重要(多选)（　　　）

　　A.政府的政策支持　　　　　　B.经济的转型与支持

　　C.先进技术的支持　　　　　　D.企业的配合支持

　　E宣传教育　　　　　　　　　F完善的管理

　　G全民素质　　　　　　　　　H建章立制,奖惩制度

11.在生态文明建设过程中您觉得主要的困难是(多选)（　　　）

　　A.为环保要牺牲一些经济发展　　B.相关法律法规不完善

　　C.政策脱离实际,执行困难　　　D.宣传不到位,未得到社会广泛关注

　　E短期内效果不明显,信心不足　F民众生态意识薄弱,实施困难

　　G其他

12.下列哪一个环境条件你最看重（　　　）

　　A.空气质量　　　　B.水质　　　　C.噪声

　　D.食品质量　　　　E公共卫生条件

13.您对废旧电池的处理方式是（　　　）

　　A.尽量使用充电电池以减少废电池的产生

　　B.直接扔进垃圾桶或垃圾袋

　　C.想投入废电池回收箱,但周围没有相应的设备

D.投入废电池回收箱

14.您对在餐馆吃饭时打包剩余饭菜的看法是(　　　)

A.可以接受,自己也经常这样做

B.可以接受,但自己不会这样做

C.不能接受

D.无所谓

15.去街市、超市购物时您的习惯是(　　　)

A.购物前会自备购物袋　　　　　B.偶尔会忘记准备

C.经常忘记准备　　　　　　　　D.从不准备

16.您在食堂用餐时是否会打包、使用一次性餐具(　　　)

A.经常　　　　　　　　　　　　B.偶尔

C.很少　　　　　　　　　　　　D.从不

17.您购买商品时会偏好带有绿色环保标志的产品吗?(　　　)

A.只购买带有绿色环保标志的产品

B.价格合适会优先考虑

C.有无绿色环保标志不是重要因素

D.不知道什么是绿色环保标志

18.处理自己不想穿的衣服的方式(　　　)

A.直接扔掉　　　　B.捐出去　　　C.送人

D.和朋友换着穿　　　E压箱底

19.在生活中,您会有意识地节约用电、用水或采取其他有益于环境的行为吗?(　　　)

A. 经常会　　　　　　　　　　　B.偶尔会

C.很少会　　　　　　　　　　　D.从来没有

20.您是否会动手做一些废物利用的事情(　　　)

A. 经常会　　　　　　　　　　　B.偶尔会

C.很少会　　　　　　　　　　　D.从来没有

21.当您发现身边有破坏生态环境的行为时,您会(　　　)

A.立即上前阻止　　　　　　　　B.向有关部门反映

C.拍照并上传网络进行谴责　　　D.和我没关系

三、对自己家乡生态文明建设的满意度评价

指标		非常不满意	不满意	一般	满意	非常满意
居住环境	空气质量					
	饮用水质量					
	污水处理					
	生活垃圾处理					
	土壤污染治理					
	河流、湖泊污染治理					
	噪声强度					
生活质量	当地食品、药品安全情况					
	周边环境绿化					
	当地公共卫生条件					
	当地看病就医状况					
	当地的医保制度执行状况					
	当地公共基础设施					
	当地治安状况					
	当地基础教育资源设施					
	城乡道路规划					
	当地公共交通的使用情况					
政府治理行为	政府治理环境污染成效					
	政府治理噪声污染成效					
	政府对环境绿化的改善效果					
	当地因经济发展对湿地、耕地、林地等生态空间的占用					
	政府进行的生态文化(教育宣传)活动					
	政府对生态文明建设的重视程度					
	政府的生态文明制度建设					

四、对当地的生态文明建设,您有什么建议?